新型职业农民培育系列教材

机插稻推广应用技术

陈学年 主编

中国农业科学技术出版社

图书在版编目（CIP）数据

机插稻推广应用技术 / 陈学年主编 . —北京：中国农业科学技术出版社，2018. 6

ISBN 978-7-5116-3719-2

Ⅰ. ①机… Ⅱ. ①陈… Ⅲ. ①水稻插秧机 Ⅳ. ①S223. 91

中国版本图书馆 CIP 数据核字（2018）第 110656 号

责任编辑 崔改泵
责任校对 李向荣

出 版 者 中国农业科学技术出版社
北京市中关村南大街 12 号 邮编：100081
电 话 (010)82109194(编辑室) (010)82109702(发行部)
(010)82109709(读者服务部)
传 真 (010)82106650
网 址 http://www.castp.cn
经 销 者 各地新华书店
印 刷 者 北京富泰印刷有限责任公司
开 本 880mm×1 230mm 1/32
印 张 3. 375
字 数 63 千字
版 次 2018 年 6 月第 1 版 2018 年 6 月第 1 次印刷
定 价 22. 00 元

《机插稻推广应用技术》

编 委 会

前　　言

我国实施农民培训等惠农项目，是实施科技兴农和人才强农的战略举措。加强新时期农民培训工作，培养有文化、懂技术、会经营的新型农民，是促进农村生产发展，建设现代农业，推进农业产业化发展的必由之路。通过农民培训工作，不断改变农民的认识、认知，激发农民的学习和创业热情，使广大农民成为我国各行各业尤其是农业创业的生力军，为实现富农强农和跨越发展作出新的贡献。

开展新型职业农民培训工作，针对生产实际和农民需求，突出“实、新、用”，把系统培训与现场指导相结合，提高农民培训效果。通过坚持不懈的努力和润物细雨的过程，培训工作由量的积累实现质的飞跃，使广大农民的素质提升到一个新的层次。为保障农民培训工程和新型农民科技培训工作的有效实施，江苏省农业广播电视学校灌南县分校组织本系统各行业的技术骨干，结合生产实际，围绕建设社会主义新农村和推进高效农业规模化的发展需要，编写了《机插稻推广应用技术》。

本书详细介绍了水稻机插稻的发展、应用效果、推广过程和高效栽培管理技术，具有较强的针对性和实用性，适合作为农民培训讲师团成员的技术指导用书和插秧机手以及广大农户的参考书。本书对促进农业发展、推进高效农业规模化、实现农业增效和农民增收将起到积极的推动作用。

编　者

2018 年 3 月

目　　录

第一章　机插稻技术概述 ………………………………………（1）
第一节　新一轮机插稻技术的基本特点 ……………（2）
第二节　高性能插秧机的工作原理及技术特点 ……（3）
一、插秧机的工作原理和分类 ………………………（3）
二、插秧机的主要技术特点 …………………………（4）
第三节　高性能插秧机对作业条件的要求 …………（5）
第四节　机插水稻的栽培管理特点 …………………（7）
第二章　机插稻育秧技术 ………………………………………（8）
第一节　机插秧苗的基本要求 ………………………（8）
第二节　育秧准备 ……………………………………（9）
一、床土准备 …………………………………………（9）
二、秧田准备 ………………………………………（12）
三、秧盘或有孔地膜 ………………………………（12）
四、其他材料 ………………………………………（13）
五、种子准备 ………………………………………（14）
第三节　双膜育秧技术 ……………………………（17）

一、操作流程 ……………………………………………（18）
二、精量播种 ……………………………………………（18）
第四节 软盘育秧技术 ……………………………………（21）
一、软盘育秧及工艺流程 ………………………………（21）
二、精细播种 ……………………………………………（22）
第五节 工厂化育秧技术 …………………………………（24）
一、水稻工厂化育秧技术主要技术内容 ………………（25）
二、水稻工厂化育秧关键技术问题处理 ………………（27）
三、推广水稻工厂化育秧技术应注意的问题 …………（30）
四、效益与预期效果分析 ………………………………（31）
第六节 苗期管理 …………………………………………（33）
一、高温高湿促齐苗 ……………………………………（33）
二、及时炼苗 ……………………………………………（34）
三、科学管水 ……………………………………………（35）
四、用好“断奶肥” ……………………………………（35）
五、防病治虫 ……………………………………………（36）
六、辅助措施 ……………………………………………（36）
七、苗期倒春寒的应对措施 ……………………………（37）
第七节 栽前准备 …………………………………………（38）
一、看苗施好送嫁肥 ……………………………………（38）
二、适时控水炼苗 ………………………………………（39）
三、坚持带药移栽 ………………………………………（39）
四、正确起运移栽 ………………………………………（39）

第三章　机插稻栽前耕整技术 …………………………（41）
一、工艺路线 ……………………………………………（41）
二、耕整地质量要求 …………………………………（42）
三、耕整方法 ……………………………………………（43）
第四章　插秧机工作原理及主要构造 …………………（47）
第一节　常用水稻插秧机工作原理 …………………（47）
一、插秧机的工作原理和分类 ………………………（47）
二、插秧机的主要技术特点 …………………………（48）
三、高性能插秧机对作业条件的要求 ………………（49）
第二节　插秧机的典型结构 …………………………（50）
一、插植 …………………………………………………（50）
二、液压仿形 ……………………………………………（52）
第五章　机插水稻大田管理 ……………………………（53）
第一节　基本概念 ……………………………………（54）
一、水稻的生长发育进程 ……………………………（54）
二、水稻叶的生长 ……………………………………（55）
三、水稻分蘖发生及成穗规律 ………………………（55）
四、水稻的需肥、需水特性 …………………………（56）
五、水稻产量及构成因素的形成 ……………………（58）
第二节　机插水稻生长发育特点 ……………………（59）
一、机插水稻分蘖发生及成穗特点 …………………（59）
二、机插水稻的群体建成及产量构成特点 …………（60）
三、大田准备 ……………………………………………（62）

四、大田秧苗特点 …………………………………(63)
五、大田管理要点 …………………………………(65)
第三节 机插稻肥水运筹方法 ……………………(65)
一、活棵分蘖期 ……………………………………(67)
二、拔节长穗期 ……………………………………(70)
三、开花结实期 ……………………………………(72)
第四节 麦秸秆还田后机插稻田间管理 …………(73)
一、麦秸秆还田对水稻生长发育的影响 ………(73)
二、秧苗栽后的管理要点 …………………………(75)
第五节 病虫害的防治 ……………………………(79)
一、虫害的防治 ……………………………………(80)
二、病害的防治 ……………………………………(82)
三、禁止使用所有拟除虫菊酯类杀虫剂及复配
产品 ………………………………………………(83)
第六章 水稻机插秧推广工作注意要点 …………(84)
一、发展速度不快的原因 …………………………(85)
二、水稻3种种植方式比较 ………………………(87)
三、机插秧步骤与要求 ……………………………(88)
四、决定机插秧成败的关键环节 …………………(91)
附件：农业部进一步加强农机购置补贴政策
实施监管 …………………………………………(95)

第一章　机插稻技术概述

我国农业以精耕细作著称于世，水稻生产更显特色。20世纪中叶以来逐步完善并推广应用的高产栽培模式已成为我国大部分水稻产区的主要栽培技术体系，特别是近年来各地普遍应用的以肥床旱育、中小苗移栽、宽行窄株、少本浅栽为主要特点的群体质量栽培与精确定量栽培技术使水稻的增产潜力得到充分发挥，并持续多年实现了高产稳产。

水稻机械化插秧技术是继品种和栽培技术更新之后，进一步提高水稻劳动生产率的又一次技术革命。目前，世界上水稻机插秧技术已很成熟，日本、韩国等国家以及我国台湾地区的水稻生产全面实现了机械化插秧。江苏省在全国率先引进消化并合资开发生产了具有世界先进技术的高性能插秧机，实现了浅栽、宽行窄株、定苗定穴栽插，并在江苏省范围内得到了大面积应用，这与水稻群体质量栽培技术相得益彰，并融合形成一整套行之有效的机插稻高产栽培技术体系。

第一节　新一轮机插稻技术的基本特点

机械化插秧技术就是采用高性能插秧机代替人工栽插秧苗的水稻移栽方式，主要包括高性能插秧机的操作使用、适宜机插秧苗的培育、配套大田农艺管理措施等内容。我国是世界上研究使用机动插秧机最早的国家之一，20 世纪 60—70 年代在政府的推动下，掀起了发展机械化插秧的高潮。但是，由于当时经济、技术及社会发展水平等诸多因素限制，水稻栽插机械化始终没有取得突破。新一轮机插稻技术，在解决了机械技术的基础上，突出机械与农艺的协调配合，以机械化作业为核心，实现育秧、栽插、田间管理等农艺配套技术的标准化。这与我国历史上前几轮推而不广的机插秧技术相比，有了质的飞跃。

一是机械性能有较大提高。水稻机插稻的核心是技术成熟、性能稳定、质量可靠的机动插秧机。20 世纪 60—70 年代我国率先研制开发的插秧机，是针对大秧龄洗根苗的特点开发生产的，栽插作业时，秧爪不能控制自如，勾秧率、伤秧率高，作业性能极不稳定，不能适应水稻栽插“浅、匀、直、稳”的基本技术要求。新型高性能插秧机具有世界先进机械技术，适合我国水稻生产实际，采用了曲柄连杆插秧机构、液压仿形系统，机械的可靠性、适应性与早期的插秧机相比有了很大提高，作业性能和作业质量完全能满足现代农艺要求。

二是育秧方式有重大改进。历史上曾经推而不广的机插秧技术采用的是常规育秧，大苗洗根移栽，标准化程度低，费工耗时，植伤严重，始终未能摆脱拔秧洗根、手工栽插的技术模式。近年来示范推广的新型机插秧技术，采取软盘或双膜育秧，中小苗带土移栽，其显著特点是播种密度高，床土土层薄，秧块尺寸标准，秧龄短，易于集约化管理，秧池及肥水利用率高。秧大田比为1：（80~100），可大量节约秧田。

第二节　高性能插秧机的工作原理及技术特点

一、插秧机的工作原理和分类

目前，国内外较为成熟并普遍使用的插秧机，其工作原理大体相同。发动机分别将动力传递给插秧机构和送秧机构，在两大机构的相互配合下，插秧机构的秧针插入秧块抓取秧苗，并将其取出下移，当移到设定的插秧深度时，由插秧机构中的插植叉将秧苗从秧针上压下，完成一个插秧过程。同时，通过浮板和液压系统，控制行走轮与机体的相对位置和浮板与秧针的相对位置，使得插秧深度基本一致。

插秧机通常按操作方式和插秧速度进行分类。按操作方式可分为步行式插秧机和乘坐式插秧机。按插秧速度可分为普通插秧机和高速插秧机。目前，步行式插秧机均为普通插秧机；乘坐式插秧机有普通插秧机，也有高速插秧机。

二、插秧机的主要技术特点

一是基本苗、栽插深度、株距等指标可以量化调节。插秧机所插基本苗由每亩（1 亩≈667 平方米。全书同）所插的穴数（密度）及每穴株数所决定。根据水稻群体质量栽培扩行减苗等要求，插秧机行距固定为 30 厘米，株距有多挡或无级调整，达到每亩 1 万~2 万穴的栽插密度。通过调节横向移动手柄（多挡或无级）与纵向送秧调节手柄（多挡）来调整所取小秧块面积（每穴苗数），达到适宜基本苗，同时插深也可以通过手柄方便地精确调节，能充分满足农艺技术要求。

二是具有液压仿形系统，提高水田作业稳定性。它可以随着大田表面及硬底层的起伏，不断调整机器状态，保证机器平衡和插深一致。同时随着土壤表面因整田方式而造成的土质硬软不同的差异，保持底板一定的接地压力，避免产生强烈的壅泥排水而影响已插秧苗。

三是机电一体化程度高，操作灵活自如。高性能插秧机具有世界先进机械技术水平，自动化控制和机电一体化程度高，充分保证了机具的可靠性、适应性和操作灵活性。

四是作业效率高，省工节本增效。步行式插秧机的作业效率最高可达 4 亩/小时，乘坐式高速插秧机 7 亩/小时。在正常作业条件下，步行式插秧机的作业效率一般为 2.5 亩/小时，乘坐式高速插秧机为 5 亩/小时，远远高于人工栽插的效率。

第三节　高性能插秧机对作业条件的要求

机插秧过程中，在正常机械作业状态下，影响栽插作业质量的主要有两大因素，即秧苗质量和大田耕整质量。

一是秧苗质量。插秧机所使用的是以营养土为载体的标准化秧苗，简称秧块。秧块的标准（长×宽×厚）尺寸为 58 厘米×28 厘米×2 厘米。长宽度在 58 厘米×28 厘米范围内，秧块整体放入秧箱内，才不会卡滞或脱空造成漏插。秧块长×宽规格，在硬塑盘及软塑盘育秧技术中，用盘来控制，在双膜育秧技术中，在起秧时通过切块来保证规格。在适宜播量下，使用软盘或双膜，促使秧苗盘根，保证秧块标准成形。土块的厚度 2~2.5 厘米，铺土时通过机械或人工来控制。床土过薄或过厚会造成秧爪伤秧过多或取秧不匀。

机插秧所用的秧苗为中小苗，一般要求秧龄 15~20 天、苗高 12~17 厘米。由于插秧机是通过切土取苗的方式插植秧苗，这就要求播种均匀。标准秧盘上的播种量，俗称为每盘的播种量，一般杂交稻每盘芽谷的播量为80~100 克，常规粳稻的芽谷播量为 120~150 克。插秧机每穴栽插的株数，也就是每个小秧块上的成苗数，一般要求杂交稻每平方厘米成苗 1~1.5 株，常规粳稻成苗 1.5~3 株，播种不均会造成漏插或每穴株数差距过大。

为了保证秧块能整体提起，要求秧苗根系发达，盘根力强，土壤不散裂，能整体装入秧箱。同时根系发达也有利于秧苗地上、地下部的协调生长，因此，在育秧阶段要十分注重根系的培育。

二是对大田整地的要求。高性能插秧机由于采用中小苗移栽，因而对大田耕整质量要求较高。一般要求田面平整，全田高度差不大于3 厘米，表土硬软适中，田面无杂草、杂物，麦草必须压旋至土中。大田耕整后需视土质状况沉实，沙质土的沉实时间为 1 天左右，壤土一般要沉实 2~3 天，黏土沉实 4 天左右后插秧。若整地沉实达不到要求，栽插后泥浆沉积将造成秧苗过深，影响分蘖，甚至减产。

第四节　机插水稻的栽培管理特点

机插秧采用中小苗移栽，与常规手插秧比，其秧龄短，抗逆性较弱。但机插水稻的宽行浅栽，为低节位分蘖发生创造了有利环境，其分蘖具有爆发性，分蘖期也较长，够苗期提前，高峰苗容易偏多，使成穗率下降，穗型偏小。针对上述特点可采取前稳、中控、后促的肥水管理措施，前期要稳定，保证早返青、早分蘖，分蘖期注意提早控制高峰苗，中后期严格水层管理，促进大穗形成。实践表明，针对机插水稻的生长发育特点，采用科学合理的管理措施，机插水稻的产量完全能达到甚至超过人工栽插的产量。

第二章　机插稻育秧技术

第一节　机插秧苗的基本要求

根据高性能插秧机栽插作业的技术特点，结合水稻高产栽培的农艺要求，机插秧苗须具备两方面的基本要求：一是秧块标准，秧苗分布均匀，根系盘结，能适合机械栽插。二是秧苗个体健壮，无病虫害，能满足高产要求。

机械插秧所使用的秧苗是以营养土为载体的标准化秧苗，秧苗育成后根系盘结，形成毯状秧块。秧块的标准尺寸为：长58厘米、宽28厘米、厚2厘米。在秧块的3种尺寸中，宽度与厚度最关键。宽度大于28厘米，秧块会卡滞在秧箱上使送秧受阻，引起漏插。宽度不足28厘米同样会导致漏插。若秧块的厚度过厚或过薄，都会导致植伤加重，从而影响栽插质量。在机插软盘育秧过程中，我们可以通过标准化的硬盘或软盘来实现秧块的标准尺寸。双膜育秧则在栽插起秧时，通过切块来保证标准尺寸。

机插秧苗采用中小苗带土移栽，单季稻及中稻一般秧龄为15~20天，早稻育秧由于积温偏低，秧龄适当延长。但无论秧龄如何变化，一般都在3.5~4.0叶龄内移栽。秧苗素质的好坏以秧苗的形态指标和生理指标两方面来衡量，在实际生产中，可通过观察秧苗的形态特征来判断。壮秧的主要形态特征是：茎基粗扁，叶挺色绿、根多色白，植株矮壮、无病株和虫株。适合机械化插秧的秧苗，除了个体健壮外，还有一个重要的整体指标，即要求秧苗群体质量均衡，常规粳稻育秧要求每平方厘米成苗1.5~3株，杂交稻成苗1~1.5株，秧苗根系发达，单株白根量多，根系盘结牢固，盘根带土厚度2.0~2.5厘米，厚薄一致，提起不散，形如毯状，亦称毯状秧苗。

第二节　育秧准备

根据机插计划面积，及早落实秧池田，备足育秧材料，确保大田、秧田及所需材料及时到位。

一、床土准备

1. 床土选择

选用土壤肥沃、无残茬、无砾石、无杂草、无污染的壤土。适宜作床土的有3种土：一是菜园土；二是耕作熟化的旱田土（不宜在荒草地及当季喷施过除草剂的麦田取土）；三是秋耕、冬翻、春耖的稻田土。

2. 床土用量

每亩大田一般需备营养细土100千克作床土，另备未培肥过筛细土25千克作盖籽土。

3. 床土培肥

肥沃疏松的菜园地土壤，过筛后可直接用作床土。其他适宜土壤提倡在冬季完成取土，取土前一般要对取土地块进行施肥，按每亩匀施腐熟人畜粪2 000千克（禁用草木灰），以及25%氮、磷、钾复合肥60~70千克，或硫酸铵30千克、过磷酸钙40千克、氯化钾5千克等无机肥。

提倡使用适合当地土壤性状的壮秧剂代替无机肥，在床土加工过筛时每100千克细土匀拌0.5~0.8千克旱秧壮秧剂。取土地块pH偏高的可酌情增施过磷酸钙以降低pH值（适宜pH值为5.5~7.0）。施后连续机旋耕2~3遍，取表土堆制并覆农膜至床土熟化。

冬前未能提前培肥的，宁可不培肥而直接使用过筛细土，在秧苗断奶期追肥同样能培育壮秧。确需培肥的，至少于播种前30天进行。对肥时要充分拌匀，确保土肥充分交融，拌肥过筛后一定要盖膜堆闷促进腐熟。禁止未腐熟的厩肥以及淤泥、尿素、碳铵等直接拌作底肥，以防肥害烧苗。

4. 床土加工

选择晴好天气及土堆水分适宜时（含水率10%~15%，细土手捏成团，落地即散）进行过筛，要求细土粒径不得大于5毫米，其中2~4毫米粒径的土粒达60%以上。过筛结束后继续堆制并用农膜覆盖，集中堆闷，促使肥土充分熟化。

图2-1 床土准备

在早稻育秧及倒春寒多发地区，为防止发生立枯病等苗期病害，每立方米床土施用65%敌克松50~60克对成1 000~1 500倍液进行消毒。

生产中床土处理不当主要表现在以下四个方面：一是临时对肥、拌和不匀等，出现肥塘烧苗的现象。二是土壤颗粒过大、混有小石块等杂质，影响苗的正常生长和插秧机的正常作业。三是盘土过薄、过厚，影响了标准秧块的形成。因此，床土必须过筛并熟化，土层厚度控制在2~2.5厘米。四是对盐碱地和旱稻田，要特别强调床土的调酸。

二、秧田准备

选择地势平坦，排灌分开，背风向阳，邻近大田的熟地作秧田。秧田、大田比例宜为1：（80~100），一般每亩大田需秧池田7~10平方米。

播前10天精做秧板，苗床宽1.4~1.5米，长度视需要和地块大小确定，秧板之间留宽20~30厘米、深20厘米的排水沟兼管理通道。秧池外围沟深50厘米，围埂平实，埂面一般高出秧床15~20厘米，开好平水缺。为使秧板面平整，可先上水进行平整，秧板做好后排水晾板，使板面沉实。播种前两天铲高补低，填平裂缝，充分拍实，使板面达到“实、平、光、直”。实——秧板沉实不陷脚；平——板面平整无高低；光——板面无残茬杂物；直——样板整齐沟边垂直。

三、秧盘或有孔地膜

进行软盘育秧时，每亩大田一般要准备25~30张软盘，采用机械播种流水线播种的，每台流水线需备足100张硬盘用于脱盘周转。生产中要注意秧盘的材料和质量，否则易变形，影响秧块规格。

采用双膜育秧，一般每亩大田应备足幅宽 1.5 米的地膜 4.0 米。育秧前需要事先对地膜进行打孔，即将地膜整齐地卷在长、宽、厚分别为 1.5 米、15 厘米、5 厘米的木板上，然后划线冲孔。孔距一般为 2.0 厘米×2.0 厘米或 2.0 厘米×3.0 厘米，孔径 0.2~0.3 厘米。打孔时一定要冲透，否则会影响通水通气性能，降低秧苗质量，同时，孔径不宜过大，否则会造成大量秧根穿孔下扎，增加起秧难度。

四、其他材料

1. 覆膜

每亩机插大田需准备 2 米宽覆盖用农膜 4 米。早稻育秧，以及春季气温较低，特别是倒春寒易发地区，应采用拱棚增温育秧，为此需备足竹片等拱棚用料。

2. 稻草

每 1 米秧板，需准备无病稻麦秸秆约 1.2 千克或相应面积的无纺布，芦苇秆或细竹竿 7~8 米，用于覆膜后盖草遮阳保温防灼。

3. 木条、切刀

双膜育秧过程中，为了保证床土的标准厚度，需备长约 2.0 米、宽 2.0~3.0 厘米、厚 2.0 厘米的木条 4 根。切刀 1~2 把，用于栽前切块起秧。

五、种子准备

1. 品种选择

根据不同茬口、品种特性及安全齐穗期，选择适合当地种植的优质、高产、稳产、分蘖中等、抗性好的穗粒并重型优良品种，同等条件下以生育期相对短的为宜。

2. 大田用种量与播种密度

为适应机械栽插的要求，机插育秧的落谷密度相对较高，适宜落谷密度最基本的确定原则是均匀、盘根，播量过大或过小均不利于培育合格的机插秧苗。杂交稻一般每亩大田用种量为1.0~1.5千克，折合每盘芽谷播量为80~100克；常规粳稻每亩大田用种量为3.0~3.5千克，折合每盘芽谷播量为120~150克。采用双膜育秧的，由于起秧栽插时要切块除边，用种量略高于软盘育秧。

适宜播量的计算公式：

播种量（克）（干种）=［实际成苗数/（发芽率×成苗率×1 000）］×千粒重。

以发芽率90%、千粒重为26克的杂交稻为例，高密度育秧条件下的成苗率大致为85%。一般要求杂交稻每平方厘米最终成苗1~1.5株，若按1.5株计，则每盘1 624平方厘米成苗2 436株，计算芽谷播量约为83克。

实际生产中，在确保播种均匀与秧苗根系盘结好的前提下，在适宜播量范围内，可根据品种、气候等因素适当调节，以提高秧苗素质，增加秧龄弹性。一般情况下，杂交稻每盘芽谷播量为80~100克，而粳稻每盘芽谷播量可以在120~150克的范围，而中、晚稻的播量可适当降低。此外，每亩用盘数不必千篇一律，可根据秧爪横纵取秧量、取秧面积进行相应调整。

3. 种子处理

根据播期、机插面积提前推算好种子用量及浸种、催芽时间。

（1）确定播期。机插育秧与常规育秧有明显的区别：一是播种密度高。二是秧苗根系集中在厚度仅为2.0~2.5厘米的薄土层中交织生长，因而秧龄弹性小，必须根据茬口安排，按照20天以下的秧龄推算播期，“宁可田等秧，不可秧等田”。机插面积大的，要根据插秧机工作效率和机手技术熟练程度，安排好插秧进度，合理分批浸种，分次播种，确保秧苗适龄移栽。

（2）精选种子。尽可能选用标准的“三证”齐全的推广种子。浸种前要做好晒种、脱芒、选种、发芽试验等工作。种子的发芽率要求在90%以上，发芽势达85%以上。

采用传统盐水法选种时，水液比重为1.06~1.10（即用新鲜鸡蛋放入盐水中，浮出水面面积为2分硬币大小即可）。盐水选种后要用清水淘洗种子，清除谷壳外盐分，以防影响发芽，洗后晒干备用或直接浸种。

杂交稻稻种子一般采用风选法选种。选种前先将种子晾晒1~2天，再用低风量扬去空瘪粒，确保种子均匀饱满，发芽势强。

（3）药剂浸种。水稻以稻种带菌为主的病害有恶苗病、稻瘟病、稻曲病、白叶枯病，此外还有苗期灰飞虱传播的条纹叶枯病等，这些均可用药剂浸种的方法来防治。浸种时选用"使百克"或"施保克"1支（2毫升）加"吡虫啉"10克对水6~7千克浸5千克种子。浸种时间长短应随气温而定，一般粳稻需浸足80日·度（气温25℃时浸种3天左右），籼稻60日·度（2天左右），稻种吸足水分的标准是谷壳透明，稻粒腹白可见，容易折断而无响声。

（4）催芽。催芽的主要技术要求是"快、齐、匀、壮"。"快"是2天内催好芽；"齐"是要求发芽势达85%以上；"匀"是芽长整齐一致；"壮"是幼芽粗壮，根、芽长比例适当，颜色鲜白，气味清香，无酒味。根据种子生长萌发的主要过程和特点，催芽可以分为高温破胸、适温催芽和摊晾炼芽3个阶段。

高温破胸。自稻谷上堆至种胚突破谷壳露出时，称为破胸阶段。种子吸足水分后，适宜的温度是破胸快而整齐的主要条件，在38℃的温度上限内，温度愈高，种子的生理活动愈旺盛，破胸也愈迅速而整齐；反之，则破胸愈慢，且不整齐。一般上堆后的稻谷在自身温度上升后要掌握谷堆上下内外温度一致，必要时进行翻拌，使稻种间受热均匀，促进破胸整齐迅速。

适温催芽。自稻种破胸至幼芽伸长达到播种的要求时为催芽阶段。双膜手播育秧催芽标准为：根长达稻谷的1/3，芽长为1/5~1/4，若采用机播，90%的种子“破胸露白”即可。“干长根，湿长芽”，控制根芽长度主要是通过调节稻谷水分来实现，同时要及时调节谷堆温度，使催芽阶段的温度保持在25~30℃，以保证根、芽协调生长，根芽粗壮。

摊晾炼芽。为了增强芽谷播种后对外界环境的适应能力，提高播种均匀度，催芽后还应摊晾炼芽。一般在谷芽催好后，置室内摊晾4~6小时，且种子水分适宜、不粘手即可播种。

第三节　双膜育秧技术

双膜育秧是在秧板上平铺有孔地膜作为垫层，再铺放2~2.5厘米厚的床土，播种覆土后加盖覆膜保温保湿促齐苗，这种有孔底膜与盖膜并用的育秧方法，简称“双膜育秧”，在水稻机械插秧的几种育秧方式中，双膜育秧是目前最为简单的育秧方式。其投资少、成本低，易操作，管理方便。

一、操作流程（图 2-2）

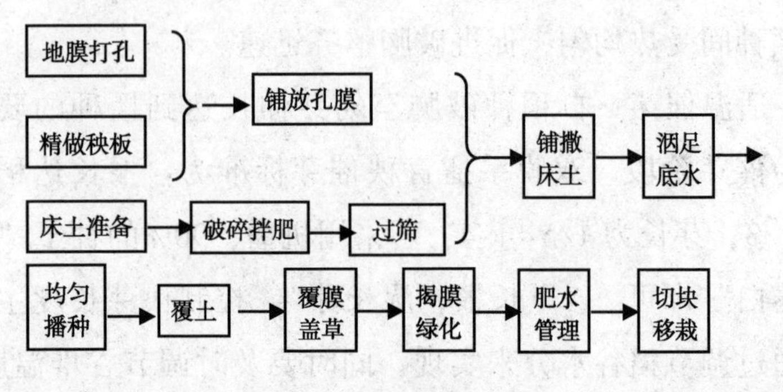

图 2-2　双膜育秧操作流程

二、精量播种

在前期各项准备工作落实到位的前提下，即可进行按期播种、育秧。

技术要领：

（1）首先在板面平铺打孔地膜。

（2）沿秧板两侧边分别固定宽、厚各 2 厘米，长度约 2 米的木条或型材，用以控制底土厚度（图2-3）。

（3）铺放底土，用木尺刮平。

（4）补足底土水分。一是在播种前一天铺好底土后，灌平板面水，底土充分吸湿后迅速排放；二是直接用喷壶喷洒，使底土水分达饱和状态后立即播种盖土，以防跑湿。

（5）定量播种。每平方米一般播发芽率为 90% 的芽

图 2-3　人工装土

谷 860~940 克。若发芽率不足或超过 90%播种量需相应增加或减少。播种时要按秧板称种，并力求播种均匀（图 2-4）。

图 2-4　手工播种

（6）匀撒盖籽土。覆土量以盖没种子为宜，厚度为0.3～0.5厘米。注意使用经培肥的过筛细土，不能用拌有壮秧剂的营养土。盖籽土撒好后不可再洒水，以防止表土板结影响出苗。

（7）封膜盖草。覆土后，沿秧板每隔50～60厘米放一根细芦苇或铺一薄层麦秸草，以防农膜与床土粘贴导致闷种。盖膜后须将四周封严封实。膜面上均匀加盖稻草，盖草厚度以基本看不见盖膜为宜。秧田四周开好放水缺口，避免出苗期降雨秧田积水，造成烂芽。膜内温度控制在28～35℃。对气温较低的早春茬或倒春寒多发地区，应搭建拱棚增温育秧（图2-5）。

图2-5　双膜育秧

第四节　软盘育秧技术

一、软盘育秧及工艺流程

软盘育秧是指将种子播于塑料软盘中的一种低成本简易化的育秧方式。该育秧方式简便易行，成本较低，质量较好，易于操作，成功率高，适合机械化栽插的要求。软盘育秧技术是目前水稻机插育秧技术中使用比例最高的育秧方式。水稻机插成败在秧苗。机插秧苗的关键点是秧苗规格化，软盘育秧就是要严格按照插秧机的要求培育出规格秧苗。

软盘育秧按播种方式可分为手工播种和机械播种。

1. 手工播种

手工播种的作业流程见图 2-6。

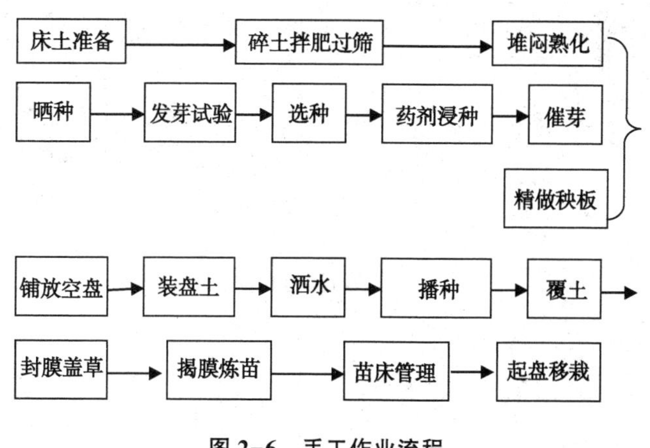

图 2-6　手工作业流程

2. 机械播种（图 2-7）

图 2-7　机械播种

机械播种的作业流程见图 2-8。

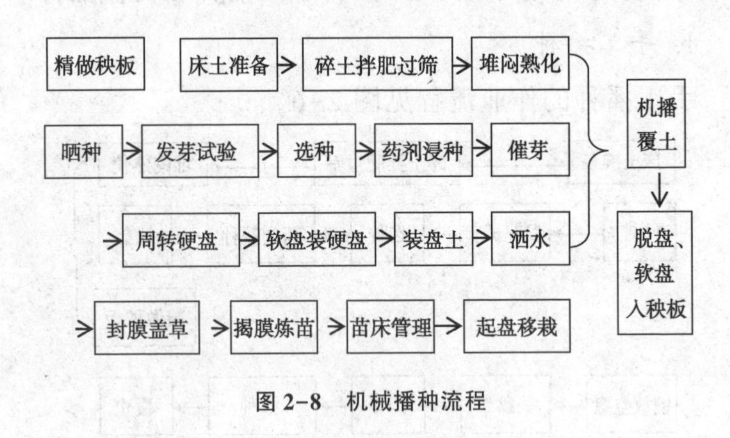

图 2-8　机械播种流程

二、精细播种

由于机插秧苗的秧龄弹性小，必须根据茬口 15～20

天秧龄倒算出播种期，并准确计算播种量，力争播种均匀。

1. 手工播种

手工操作包括铺盘、铺土、喷水、播种、覆土 5 道工序。

（1）铺盘。将软盘沿长度方向并排对放，盘与盘应紧密铺放，保证尺寸，铺盘结束后，秧板四周加淤泥封好软盘横边，以利保尺寸、保湿度。

（2）铺土。将床土均匀地铺放在软盘内，底土厚度控制在 2~2.5 厘米，要求床土铺放平整（图 2-9）。

（3）喷水。底土铺好后，用喷水壶进行均匀喷洒，底土水分应达到饱和状态。

（4）播种。坚持细播匀播，播种量每只软盘播芽谷 140~150 克（折合干种 116~124 克）（指发芽率为 90% 时的用量，若发芽率每浮动 1 个百分点，播量相应增减 2 克），人工播种要力争均匀，做到不堆种、不漏种。播量过大，秧苗细小；播量过小，基本苗达不到要求，甚至可能造成漏插，一般大田基本苗控制在 6 万 ~9 万/亩（图 2-9）。

（5）覆土。覆土量以看不见芽谷为宜，种子播好后，立即进行盖土，盖土厚度在 0.3~0.5 厘米，通常是由于底土水分较足，以盖上去的土自然洇湿为最佳。

2. 机械播种

机械播种前要调试好播种机，使盘内底土厚度稳定

图 2-9　机械撒种

2~2.5 厘米；播种量控制在每盘播芽谷 130~150 克，若发芽率不足或高于 90%，播量需相应增加或减少；洒水量控制在底土水分饱和状态；覆土以看不见谷芽为宜。

播种后脱盘或手播结束后，灌平沟水使秧板充分湿润后排放，以弥补秧板水分不足。并沿四周整好盘边，保证尺寸，以利提高机插质量。

第五节　工厂化育秧技术

水稻工厂化育秧是利用现代农业装备进行集约化育秧的生产方式，集机电一体化、标准化、自控化为一体，是一项现代农业工程技术。其核心技术是通过专用育秧设备在育秧盘内播土、播种、播水，然后采用自控电加热设备进行高温快速催苗及出苗。水稻工厂化育秧将工业生产的新材料、新设备应用于农业生产，改造和改变传统的生产方式，加快农业机械化、现代化进程，对农业更高更快发展必将产生深远影响。实施水稻工厂化育秧，对于推进粮食生产具有积极意义。

一、水稻工厂化育秧技术主要技术内容

水稻工厂化育秧一般包括选择育秧方法和种子处理、苗土准备、秧田准备、联合播种、秧苗管理等环节。

1. 秧房建设

秧房可采用热镀锌铸铁管为立柱，塑钢复合管为棚架，檐高 3.5 米，顶高 4.8 米，覆盖无滴薄膜，南侧安装铝合金推拉门，东侧、西侧、北侧分别配摇膜通风装置。每栋秧房南北长 20 米，东西宽 7 米，五栋跨联总面积 700 平方米，每个秧架长 20 米，宽 0.9 米，高 2.5 米，共分 5 层，层距 0.5 米，每层都装有雾状喷灌设备，秧架间距为 1.1 米。

2. 床土配制

床土分底土和覆土，分别对其进行消毒、培肥、调酸处理，提高床土的有机质含量，保证土质疏松。土壤颗粒细碎，直径 2.5 厘米的颗粒占 70%以上，其余的为 2 毫米以下，不得有石块杂物。床土 pH 值控制在 5.5～

7.0，含水量不超过10%。床土配制在试验推广阶段可用手工进行碎土筛选，大面积推广应用阶段，则须使用粉碎机进行碎土作业。

3. 种子处理

主要包括脱芒、晒种、选种、浸种、消毒等前期处理。脱芒的目的是把芒和小枝通过脱芒机或人工脱掉，以保证播种机播种均匀，并达到苗盘基本粒数。

4. 控温催芽

主要设备有破胸催芽器和脱水机。破胸催芽器是用于水稻种子的消毒、浸泡及破胸催芽作业的机器，是水稻工厂化育秧不可缺少的设备，一般由盛种装置、自动循环水系统和自动控温系统三大部分组成。受限于资金和降低成本的需要，也可用传统方式浸种，利用温室控温催芽。

脱水机的功能是通过筛筒转动去掉稻种之间的水分和表面水分，而使稻种达到外干内湿程度，保证播种均匀度，简易工厂化育秧可以不使用该设备，如水分仍多，可稍加晾干，或掺拌细土降低水分。

5. 联合播种作业

播种作业是水稻工厂化育秧的一个极为重要环节，它包括水平传送秧盘、铺撒床土、刷平床土、喷水、播种、覆土、刮土等流水线作业。其设备为联合播种机。

6. 温室控温催根立苗

该环节是将已经播种覆土后的苗盘在秧架上叠放后，

在温室30℃的蒸汽恒温条件下，经过48小时，使盘内种子长出10~15毫米白色嫩芽。加温加热装置和温控器是工厂化育秧不可缺少的设备，该设备可根据温室大小，采购不同功率的蒸汽发生器等设备。

7. 炼苗管理

简易工厂化育秧盘采用田间小棚炼苗（大棚炼苗耗费高昂、管理难度大），育苗期间须加强发芽出苗的观察与管理，营造秧苗生长的良好环境，控制好温度和水分，并适时炼苗，使培育的秧苗整齐健壮，为大田栽植提供素质优良的合格秧苗。

二、水稻工厂化育秧关键技术问题处理

工厂化育秧不同于常规育秧，需要解决光、温、水、肥等关键技术，创造适宜于秧苗生长的生理、生态条件，进而育好秧、育壮秧，为水稻高产奠定基础。

1. 水

（1）出苗阶段，种子只经浸种未经催芽，为提高成苗率，必须保持一定的土壤湿度，要求达到80%以上的相对含水量。但鉴于大棚内温度较高蒸发量较大，往往很难做到早上补水湿润到晚上，尤其是顶层晴天中午补一次水只能维持2小时。所以我们在盖草的基础上采取了多次补水。顶层分别在上午7—8点，上午11点、下午1点，下午5—6点补水，中下层分别在上午11点，下

午5—6点补水，以确保一播全苗。

（2）出苗后补水主要以盘土发白秧苗卷叶作为标准。由于秧盘摆放在泡沫板上，底墒水严重缺乏，所以也只有通过多次补水，才能满足秧苗生理生态需要。每次补水都补到盘土饱和（秧盘开始滴水），时间大约3分钟。如因天气变化，中午发生卷叶随时进行补水，到傍晚时即可完全展开，若等到下午再补水，则到第2天下午才基本恢复。因此每天都要安排人员值班，随时需要，随时补水。

2. 肥

工厂化育秧养分消耗较大，而来源又比较局限，为满足秧苗生长和培育壮秧需要，可采取：一是培肥营养土，每300千克土拌入50千克优质人、畜粪，堆闷一个月以上再粉碎过筛。二是应用壮秧营养剂，用营养土拌和壮秧营养剂作底土，用量每100千克营养土拌和1千克壮秧营养剂。相当于每张秧盘用15克。三是喷施断奶肥，1叶1心期结合施用多效唑（每40张秧盘3克），喷施尿素和磷酸二氢钾，浓度分别为1%和0.25%。

3. 温度

最低温度为12℃左右，最高温度40℃。长江流域，播期集中在5月，所以低温不成问题，需要解决的则是高温，晴天中午棚内最高温度可达41~42℃，如果采取遮光措施，对降低温度能起到一定作用，但势必影响采光。针对这一情况可采取以下两种措施：一是通风，也就是把门打开，把薄膜摇起来，以加快空气流动；二是补水，中午通过补水能使温度降低 3℃。从而有效地控制了棚内温度（一般不超过 35℃）。

4. 光照

工厂化育秧光照是一个比较突出的问题，为了解光照变化情况并为改善光照条件提供科学依据，进行了有关测试，一是在搭建秧架之前设置了层距 75 厘米、50 厘米、25 厘米 3 个处理，于中午 12 点分别测得各层里、外光照强度分别为 161 勒、1 336勒，132 勒、1 296 勒，93 勒、1 210 勒，50 厘米处理的里、外光照强度分别比 75 厘米处理低 29 勒、40 勒，25 厘米处理的里、外光照强度分别比 50 厘米处理低 39 勒、86 勒。50 厘米处理秧苗生长正常，秧苗素质与 75 厘米处理相差不大，而 25 厘米处理里面的秧苗在播后 20 天即开始发黄，播后 25 厘米处理出现死苗，由此确定层距为 50 厘米。二是在育秧过程中，分别将每一层秧盘（秧盘在秧架上是对放的）合起来和分开来(间距10 厘米)，进行光照强度测定,在合起来的情况下，中午 12 点顶层（第 1 层）光照强度为 1 982 勒，第 2、第 3、第 4、第 5 层里、外光照强度分别为 101 勒、1 810 勒，79 勒、1 377 勒，63 勒、1 347 勒，41 勒、1 264 勒，而在分开来的情况下顶层光照强度为 1 953 勒，第 2、第 3、第 4、第 5 层里、外光照强度则分别为 513 勒、1 457 勒，293 勒、1 124 勒，222 勒、1 015 勒，101 勒、1 011 勒可见将秧盘适当分开，增加中央漏光，对改善中、下层里面的光照条件具一定效果。

5. 通风

出苗阶段以封闭为主，根据需要适当通风，1 叶 1 心至 2 叶 1 心期白天通风夜间闭膜，2 叶 1 心期后全天通风不闭膜。

三、推广水稻工厂化育秧技术应注意的问题

(1) 秧房温室配套建设。秧房配套建设是工厂化育秧的基础建设。在秧房建设上应以实用节约为原则，并应选择在乡村交通方便，电力、用水条件具备，农民科技意识高，购秧就近的地方，温室不宜太大，空间太大，温室升温效果差，耗能增高。控温设备可使用 5~10 千瓦的蒸汽发生器，并要采取自控调节设备进行温度自动调节，以避免人工操作，确保温室催芽安全。

(2) 附属设备的选择。秧车主要是用来运送秧盘至温室，大小灵活设计。其要求是要保证灵活、一般自行制作。棚架最经济的方式是使用小棚炼苗，使用角铁支撑木杆搭架即可，简单实用。

(3) 水稻工厂化育秧一次性投资较大，在实际推广中需要解决两方面问题：一是投资来源问题，除了加强政府扶持外，更主要的是要引导农民和经济实体投资兴

办；二是投资回报问题，工厂化育秧周期比较短，在育秧之余要充分利用现有的设施条件，搞好综合开发与利用，如进行种苗、花卉、蔬菜、药材等生产，提高厂房、设备利用率，增加综合经济效益，为农业结构调整发挥积极作用。

（4）农机农艺相结合。在实施该项工程技术中，要充分做到农机与农艺的结合，应建立有农机、农技等专业人员参加的项目实施小组。农机技术人员主要负责厂房建设，生产线路安装，工程设备设施选择制作，农技人员即应侧重于育秧环节中的农艺需要，特别是育苗及水肥管理。

（5）培训宣传工作。一是加强操作人员的技术培训，通过反复练习，熟练地调试整个设备，能较好地调控播土、播种、洒水量；二是设备设施的维护管理培训，能及时有效地排除工作中的机电故障；三是加大宣传力度，提高广大农民对工厂化育秧意义的认识。

四、效益与预期效果分析

工厂化育秧有以下几个主要特点。

（1）由于能在室内控制育苗前期的环境条件，为秧苗生长创造适宜的人工环境，提早播种育秧，使水稻生长积温能有效增多，培育的秧苗素质好，同时也有利于水稻生长过程中抵御自然灾害，特别对减轻低温冷害作用显著。

（2）可节省耕地，工厂育秧面积与大田面积比为1：（600~800），而常规机插秧秧田与大田面积比为1：80，工厂化育秧占地面积小，节约秧田；与育秧技术配套应用播种精选加工处理和稻种人工控温破胸催芽等技术，种子用量减少；工厂化育秧早春只需9~12天即可培育出1批秧苗，比水田育秧缩短20~25天，比秧地软盘育秧缩短10天左右，可连续育2批秧苗供生产利用。所以比常规育秧省种、省秧田、省工、省时。

（3）工厂化育秧具有一定经济效益，一条流水线及配套设施约投资8万元，一般需5年左右可能收回投资，关键是提高效率以及利用率。

（4）工厂化育秧可减少或避免早春灾害性天气对秧苗生长的影响，能按时、保质、保量供应秧苗，是水稻生产向现代化农业发展的重要措施，有利于提高产量。由于抛秧栽培确保了抛栽穴数和基本苗数，加上带土浅栽，植伤少，有利于分蘖成穗，而工厂化育秧在叶龄2叶1心移栽，种子的养分未消耗完，栽后早生快发，低位分蘖多，苗峰大导致有效穗增多，也是高产的重要因素，一般可增产5%~10%。

第六节 苗期管理

培育适合机插的健壮秧苗，是推广水稻机械化插秧成败的关键。“秧好半熟稻，苗好产量高”，秧苗素质的好坏，对水稻生育后期的穗数、粒数和粒重起着重要作用。机械化插秧对秧苗的基本要求是总体均衡、个体健壮，要求“一板秧苗无高低，一把秧苗无粗细”。因此，苗期管理的技术性和规范性较强。

一、高温高湿促齐苗

经催芽的稻种，播后需经一段高温高湿立苗期，才能保证出苗整齐，因此应根据育秧方式和茬口的不同，采取相应的增温保湿措施，确保安全齐苗。同时，秧田要开好平水缺口，避免降雨淹没秧床，造成闷种烂芽。

1. 封膜盖草立苗

封膜盖草立苗适于气温较高时的麦茬稻育秧。包括双膜育秧、软盘手播及机播直接脱盘 3 种类型。立苗期要注意两点：一是把握盖草厚度，薄厚均匀，避免晴天中午高温烧苗。二是雨后及时清除盖膜上的积水，以免造成膜面积水，加之覆盖的稻草淋湿加重，局部受压形成“贴膏药”，造成闷种烂芽，影响全苗。

2. 拱棚立苗

拱棚立苗法适于气温较低时的早春茬育秧和倒春寒多发地区，此法立苗在幼芽顶出土面后，晴天中午棚内地表温度要控制在35℃以下，以防高温灼伤幼苗。

播种到出苗期一般为棚膜密封阶段，以保温保湿为主，只有当膜内温度超过35℃时才可于中午揭开苗床两头通风降温，随后及时封盖。此间若床土发白、秧苗卷叶时应灌“跑马水”保湿。

二、及时炼苗

1. 揭膜炼苗

盖膜时间不宜过长，揭膜时间因当时气温而定，一般在秧苗出土2厘米左右、不完全叶至第1叶抽出时（播后3~5天）揭膜炼苗。若覆盖时间过长，遇烈日高温容易灼伤幼苗。揭膜原则：晴天傍晚揭，阴天上午揭，小雨雨前揭，大雨雨后揭。若遇寒流低温，宜推迟揭膜，并做到日揭夜盖。

2. 拱棚秧的炼苗

秧苗现青后，视气温情况确定拆棚时间。当最低气温稳定在15℃以上时方可拆棚，否则可采用日揭夜盖法进行管理，并保持盘土（或床土）湿润。

三、科学管水

1. 湿润管理

即采取间歇灌溉的方式，做到以湿为主，达到以水调气，以水调肥，以水调温，以水护苗的目的。

操作要点：揭膜时灌平沟水，自然落干后再上水，如此反复。晴天中午若秧苗出现卷叶要灌薄水护苗，雨天放干秧沟水；早春茬秧遇到较强冷空气侵袭，要灌拦腰水护苗，回暖后待气温稳定再换水保苗，防止低温伤根和温差变化过大而造成烂秧和死苗；气温正常后及时排水透气，提高秧苗根系活力。移栽前3~5天控水炼苗。

2. 控水管理

与常规肥床旱育秧管水技术基本相似，即揭膜时灌一次足水（平沟水），浇透床土后排放（也可采用喷洒补水）。同时清理秧沟，保持水系畅通，确保雨天秧田无积水，防止旱秧淹水，失去旱育优势。此后若秧苗中午出现卷叶，可在傍晚或次日清晨人工喷洒水一次，使土壤湿润即可。不卷叶不补水。补水的水质要清洁，否则易造成死苗。

四、用好“断奶肥”

断奶肥的施用要根据床土肥力、秧龄和气温等具体情况因地制宜地进行，一般在一叶一心期（播后7~8

天）施用。每亩秧池田用腐熟的粪清500千克对水1 000千克或用尿素5千克（约合每盘用尿素2克）对水500千克，于傍晚秧苗叶片吐水时浇施。床土肥沃的也可不施，麦茬田为防止秧苗过高，施肥量可适当减少。

五、防病治虫

秧田期病虫主要有稻蓟马、灰飞虱、立枯病、螟虫等。秧田期应密切注意病虫发生情况，及时对症用药防治。近年来水稻条纹叶枯病发生逐年加重，务必做好灰飞虱的防治工作，可于一叶一心期用吡虫啉2克（有效成分）加80千克水喷施。另外，早春茬育秧期间气温低，温差大，易遭受立枯病的侵袭，揭膜后结合秧床补水，每亩秧池田用敌克松1 000~1 500倍液60~75千克洒施预防。

六、辅助措施

在提高播种质量，抓好秧田前中期肥水管理的同时，二叶期根据天气和秧苗长势可配合施用助壮剂。若气温较高，雨水偏多，苗量生长较快，特别是不能适期移栽的秧苗，每亩秧池田用15%多效唑可湿性粉剂50克，2 000倍液喷雾（切忌用量过大，喷雾不匀，如果床土培肥时已使用过“旱秧壮秧剂”的不必使用），以延缓植株生长速度，同时促进横向生长，增加秧苗的干物质含量。

七、苗期倒春寒的应对措施

水稻早春育秧期间，倒春寒天气时有发生，对传统的育秧方式影响较为严重，如若管理不当，则会造成烂秧死苗，导致有钱买种无钱买秧，严重影响水稻生产。机插育秧一般采用控水育秧，该育秧方式本身比常规育秧方式更耐春寒，与不少地区推广的抗寒育秧技术不谋而合。但遭遇降温寒流，也必须采取相应措施，以确保培育合格健秧壮苗。

1. 深水护苗，以水调温，以水调气

遇低温寒潮，灌深水至秧叉处护苗，注意不要淹没秧心。寒潮过后若天气突然放晴，切勿立即退水晒田，以免造成青枯烂秧死苗。倒春寒的主要危险就在于天气突然放晴气温骤然回升，造成秧苗生理脱水，深水层可以缓解苗床温度剧烈变化。

2. 及时泼浇敌克松

低温来临前或寒潮过后，每分秧田可用 100 ~ 150 克敌克松对成 1 000 倍液泼浇，防止烂秧死苗。长时间阴雨低温过后应及时喷施壮秧宝防治立枯病发生。

3. 拱棚防冻

如遇降温幅度大，时间长，有条件的可结合前两条措施，搭建拱棚保温防冻。

4. 忌过早追肥

低温过后，秧苗抗逆能力较差，若过早施用化肥，对生长微弱的秧苗来说等于雪上加霜，加速了烂秧死苗。因此，应在低温过后3~4天再开展追肥。

第七节 栽前准备

搞好机插育秧栽前准备工作，是确保苗体素质、增强栽后抗逆性、促进秧苗早生快发的一个重要措施，具体应抓好以下几个环节。

一、看苗施好送嫁肥

秧苗体内氮素水平高，发根能力强，碳素水平高，抗植伤能力强。要使移栽时秧苗具有较强的发根能力，又具有较强的抗植伤能力，栽前务必要看苗施好送嫁肥，促使苗色青绿，叶片挺健清秀。具体施肥时间应根据机插进度分批使用，一般在移栽前3~4天进行；用肥量及施用方法应视苗色而定：叶色褪淡的脱肥苗，亩用尿素4.0~4.5千克对水500千克于傍晚均匀喷洒或泼浇，施后并洒一次清水以防肥害烧苗；叶色正常、叶挺拔而不下披苗，亩用尿素1.0~1.5千克对水100~150千克进行根外喷施；叶色浓绿且叶片下披苗，切勿施肥，应采取控水措施来提高苗质。

二、适时控水炼苗

栽前通过控水炼苗，减少秧苗体内自由水含量、提高碳素水平、增强秧苗抗逆能力，是培育壮秧健苗的一个重要手段，控水时间应根据移栽前的天气情况而定。春茬秧由于早播早插，栽前气温、光照强度、秧苗蒸腾量与麦茬秧比均相对较低，一般在移栽前 5 天控水炼苗。麦茬秧栽前气温较高，蒸腾量较大，控水时间宜在栽前 3 天进行。控水方法：晴天保持半沟水，若中午秧苗卷叶时可采取洒水补湿。阴雨天气应排干秧沟积水，特别是在起秧栽插前，雨前要盖膜遮雨，防止床土含水率过高而影响起秧和栽插。

三、坚持带药移栽

机插秧苗由于苗小，个体较嫩，易遭受螟虫、稻蓟马及栽后稻蟓甲的危害，栽前要进行一次药剂防治工作。在栽前 1～2 天亩用 2.5%杀虫双乳油 30～35 毫升对水 40～60 千克进行喷雾。在水稻条纹叶枯病发生区，防治时应亩加 10%吡虫啉乳油 15 毫升，控制灰飞虱的带毒传播危害，做到带药移栽、一药兼治。

四、正确起运移栽

机插稻育秧起运移栽应根据不同的育秧方法采取相

应措施，减少秧块搬动次数，保证秧块尺寸，防止枯萎，做到随起、随运、随栽。遇烈日高温，运放过程中要有遮阳设施。具体要求如下。

软（硬）盘秧：有条件的地方可随盘平放运往田头，亦可起盘后小心卷起盘内秧块，叠放于运秧车，堆放层数一般2~3层为宜，切勿过多而加大底层压力，避免秧块变形和折断秧苗，运至田头应随即卸下平放，让其秧苗自然舒展，利于机插。

双膜秧：在起秧前首先要将整块秧板切成适合机插的规格，宽一般为27.5~28.0厘米，长58厘米左右的标准秧块。为确保秧块尺寸，事先应制作切块方格模（框），再用长柄刀进行垂直切割，切块深度以切到底膜为宜。切块后一般就可直接将秧块卷起，并小心叠放于运秧车。

第三章　机插稻栽前耕整技术

机插稻耕整地机械化技术是指为满足水稻栽插、直播等种植生产需要，选用适宜的水田耕整机械，按照农田耕整要求和作业规范，完成水稻田旱、水耕整作业所形成的机械化作业技术。

一、工艺路线

水稻田耕整，是水稻高产栽培技术中一项重要内容，一般包括耕翻、灭茬、晒垡、施肥、碎土、耙地、平整等作业环节。针对前茬作物留茬情况，耕整作业常见的工艺路线有以下两种。

水耕水整：灌水泡田→耕翻灭茬→施肥→平整→沉淀。

旱耕水整：旱耕灭茬→晒垡→灌水泡田→施肥→平整→沉淀。

水耕水整工艺路线在南方多季稻产区和稻麦、稻油两熟轮作区采用较多，北方一年一熟的水稻产区常采用旱耕水整。目前，农业部在全国稻区大力推广水稻机插秧技术，该技术采用中、小苗移栽，对大田耕整质量和基肥施用等要求相对较高。耕整质量的好坏，不仅直接关系到插秧机的作业质量，而且关系到机插秧苗能否早生快发，影响到水稻产量。因此，耕整地质量十分重要。

二、耕整地质量要求

耕作深度要适宜、一致，无重耕、漏耕。旋耕深度10~15厘米，犁耕深度宜在20厘米以下。

田面平整，经过平整后高低差不超过3厘米，表土硬软度适中，泥脚深度小于30厘米；泥浆沉实达到泥水分清，泥浆深度5~8厘米，水深1~3厘米。采用犁耕方式，高留茬和秸秆要深埋犁底层，旋耕方式秸秆还田，采用切碎、秸秆均布和整田时秸秆土层搅和均匀。

机插秧大田田面要求：田面整洁，无杂草、残茬、杂物，利于插秧机进行作业，否则，残茬、杂物易拖带刮倒已插秧苗；田面高低有度，在3厘米的水层条件下，高不露墩，低不淹苗，以利于秧苗返青活棵，生长整齐。否则高处缺水使幼苗干枯，低洼处水深使幼苗受淹；表层硬软相宜，一般要求耕整后大田表层稍有泥浆，下部土块细碎，表土硬软度适中。高性能插秧机虽有多轮驱动、水田通过性能好的优点，但耕作层过深，会导致插秧机负荷加大，行走困难，甚至打滑，不能保证正常的栽插密度。此外高性能插秧机虽有液压仿形装置，保证机器有较低的接触压力，但整地次数过多，土层过于黏糊，不利于沉实，机器前进过程中仍然有壅泥等情况出现，以致影响栽插质量。

三、耕整方法

针对前茬茬口、是否轮作、山区水源限制等情况，耕整地作业的田块类型主要有茬口地、冬闲板茬地和冬水田等 3 类。江苏等平原两熟轮作区多为第一种情况，东北等地多为第二种情况，四川、重庆等山区为第三种情况。无论何种耕整方式，都需结合当地水稻栽培生产方式，掌握遵循以下基本原则：适时耕整、适施基肥、适当沉实、及时栽种。

1. 茬口地耕整

（1）前茬秸秆粉碎。前茬作物收获时必须进行秸秆切碎或粉碎，并均匀抛撒。如果前茬为麦子，则机收时留茬高度应小于 15 厘米，全喂入联合收割机应装带喷洒装置，利于秸秆均铺，半喂入联合收割机应装带秸秆切碎装置；若机收时未进行秸秆粉碎，或田间有其他直立的玉米等青秸秆，则应增加一次秸秆粉碎还田作业。采用旱地旋耕整方式，因耕深浅，尤其需要秸秆切碎、均铺。

（2）旱耕整。总体上是两种形式：旋耕和犁耕。利用旋耕机、正反旋埋茬耕整机等旋耕作业，土壤含水率需在30%以下，作业时要稳定耕作深度，以达到旋切能达到的10~15厘米上限深度为宜，这样残茬、秸秆覆盖率高。采用反旋埋茬方法，残茬、秸秆覆盖率最好。犁耕在农场和成片大田采用较多，其对秸秆埋覆较深，达15~20厘米，对前茬秸秆切碎和铺放要求不及旋耕高。地块高低不平，可采用交叉作业和激光平地技术作业，对高低落差大的田块，要划格作业，大田隔小，以保证相对范围内的平整地质量标准。犁耕作业不要每季都进行，宜3~5年犁耕一次，与旋耕作业相交替。旱耕的田块，在旱耕结束后，晾晒1~3天，再上水浸泡1~2天，完成后继续平整作业，这样不易形成僵土。平整机械以水田耙为主。由于水整前旋耕灭茬等作业的深度浅于原耕作层，加之起浆平地，作业条件复杂，要防止泥脚深度不一和埋茬再被带出地表。

（3）水耕整。直接放水浸泡，1~2天内让秸秆和根茬浸湿，旋耕作业时，需浅水层，3~5厘米。

水田耕整通常使用的机械是旋耕机、水田埋茬耕整机、水田耕整轮等设备，作业时，采用交叉方式，两遍即可。带水耕整主要控制好灌水量和浸泡时间，既要防止带烂作业，又要防止缺水僵板作业，且水层过高，秸秆易漂浮，不利于埋覆。

旱、水耕整后的大田地表应平整，无残茬、秸秆和杂草等，埋茬深度应在4厘米以上，泥浆深度达到5~8厘米，田块高低差不超过3厘米。

（4）沉实。水整后的大田必须适度沉实，沙质土沉实1天，沙壤土沉实2~3天，黏质土沉实4天后机插，田表水层以呈现所谓“花花水”为宜。要严防深水烂泥，造成机插时壅水壅泥等现象。对杂草发生密度较高的田块，可结合泥浆沉淀，在耙地后选用适宜除草剂拌湿润细土均匀撒施，并保持6~10厘米水层3~4天后进行封杀灭草。

2. 冬耕或冬闲板茬地耕整

经过冬耕轮作的田地，可采取切耙旱整、刮平后，进入水整。对地表残茬较少的未耕冬闲田，可以采取浅耕或旋耕旱整后，进入水整。对地表无残茬、冬耕整质量较好、地面平整的田地，也可直接进入水整。

3. 冬水田耕整

一些低洼地区长期无法排水，一些地区水资源贫乏，靠本田蓄水种稻，还有一些地区也因缺水，前茬晚稻收割后田间一直保水至早稻栽插，这些田块地处山区，多为梯田，单块面积相对较小，我们常称之为冬水田。冬水田经过长时间冷水浸泡，土壤透气性差，泥脚深，还原性差，土壤温度较低，理化性状远不及平原地区。对于这类田块的耕作不得不带水作业，如沿用传统的多耕多耙习惯，会加深泥脚深度，进一步恶化土壤的理化性状，后续机械作业易打滑，增加机械化作业难度。因此，需简化耕整工艺，减少机具下田作业次数。同时，在机械作业前，要利用晴天提前在田间开沟治田，施肥后浅旋耕，抢晴好天气日晒增温，并于栽前3天左右整平沉实。

第四章　插秧机工作原理及主要构造

第一节　常用水稻插秧机工作原理

一、插秧机的工作原理和分类

目前，国内外较为成熟并普遍使用的插秧机，其工作原理大体相同。发动机分别将动力传递给插秧机构和送秧机构，在两大机构的相互配合下，插秧机构的秧针插入秧块抓取秧苗，并将其取出下移，当移到设定的插秧深度时，由插秧机构中的插植叉将秧苗从秧针上压下，完成一个插秧过程。同时，通过浮板和液压系统，控制行走轮与机体的相对位置和浮板与秧针的相对位置，使得插秧深度基本一致。

插秧机通常按操作方式和插秧速度进行分类。按操作方式可分为步行式插秧机和乘坐式插秧机。按插秧速度可分为普通插秧机和高速插秧机。目前，步行式插秧机均为普通插秧机；乘坐式插秧机有普通插秧机，也有高速插秧机。

二、插秧机的主要技术特点

一是基本苗、栽插深度、株距等指标可以量化调节。插秧机所插基本苗由每亩所插的穴数（密度）及每穴株数所决定。根据水稻群体质量栽培扩行减苗等要求，插秧机行距固定为30厘米，株距有多挡或无级调整，达到每亩1万~2万穴的栽插密度。通过调节横向移动手柄（多挡或无级）与纵向送秧调节手柄（多挡）来调整所取小秧块面积（每穴苗数），达到适宜基本苗，同时插深也可以通过手柄方便地精确调节，能充分满足农艺技术要求。

二是具有液压仿形系统，提高水田作业稳定性。它可以随着大田表面及硬底层的起伏，不断调整机器状态，保证机器平衡和插深一致。同时随着土壤表面因整田方式而造成的土质硬软不同的差异，保持船板一定的接地压力，避免产生强烈的壅泥排水而影响已插秧苗。

三是机电一体化程度高，操作灵活自如。高性能插秧机具有世界先进机械技术水平，自动化控制和机电一体化程度高，充分保证了机具的可靠性、适应性和操作灵活性。

四是作业效率高，省工节本增效。步行式插秧机的作业效率最高可达 4 亩/小时，乘坐式高速插秧机 7 亩/小时。在正常作业条件下，步行式插秧机的作业效率一般为 2.5 亩/小时，乘坐式高速插秧机为 5 亩/小时，远远高于人工栽插的效率。

三、高性能插秧机对作业条件的要求

机插秧过程中，在正常机械作业状态下，影响栽插作业质量的主要有两大因素，即秧苗质量和大田耕整质量。

秧苗质量。插秧机所使用的是以营养土为载体的标准化秧苗，简称秧块。秧块的标准（长×宽×厚）尺寸为 58 厘米×28 厘米×2 厘米。长宽度在 58 厘米×28 厘米范围内，秧块整体放入秧箱内，才不会卡滞或脱空造成漏插。秧块的长×宽规格，在硬塑盘及软塑盘育秧技术中，用盘来控制，在双膜育秧技术中，在起秧时通过切块来保证规格。在适宜播量下，使用软盘或双膜，促使秧苗盘根，保证秧块标准成形。土块的厚度 2~2.5 厘米，铺土时通过机械或人工来控制。床土过薄或过厚会造成秧爪伤秧过多或取秧不匀。

机插秧所用的秧苗为中小苗，一般要求秧龄 15~20 天、苗高 12~17 厘米。插秧机每穴栽插的株数，也就是每个小秧块上的成苗数，一般要求杂交稻每平方厘米成苗 1.0~1.5 株，常规粳稻成苗 1.5~3.0 株，播种不均会造成漏插或每穴株数差距过大。

为了保证秧块能整体提起，要求秧苗根系发达，盘根力强，土壤不散裂，能整体装入苗箱。同时根系发达也有利于秧苗地上、地下部的协调生长，因此，在育秧阶段要十分注重根系的培育。

对大田整地的要求。高性能插秧机由于采用中小苗移栽，因而对大田耕整质量要求较高。一般要求田面平整，全田高度差不大于3厘米，表土硬软适中，田面无杂草、杂物，麦草必须压旋至土中。大田耕整后需视土质情况沉实，沙质土的沉实时间为1天左右，壤土一般要沉实2~3天，黏土沉实4天左右后插秧。若整地沉淀达不到要求，栽插后泥浆沉积将造成秧苗过深，影响分蘖，甚至减产。

第二节　插秧机的典型结构

插秧机的型号众多，插植基本原理是以土块为秧苗的载体，通过从秧箱内分取土块、下移和插植三个阶段完成插植动作。液压仿形基本原理是保持浮板的一定压力不受行走装置的影响。

一、插植

(1) 分切土块由横向与纵向送秧机构把规格（宽×

长×厚）为 28 厘米×58 厘米×2 厘米的秧块不断地送给秧爪切取成所需的小秧块，采用左右、前后交替顺序取秧的原则。小秧块的横向尺寸是由横向送秧机构所决定，该机构由具有左旋与右旋的移箱凸轮轴与滑套组成。

凸轮轴旋转，滑套带动秧苗箱左右移动，由凸轮轴与秧爪运动的速比决定横向切块的尺寸，一般为 3 个挡位。

以所标识的“20”“24”“26”为例，是指一个横向总行程 28 厘米内秧爪切取的块数，其横向尺寸即为 14 厘米、11.7 厘米、10.8 厘米。也有插秧机采用油压无级变速装置，横向尺寸调整的余地更大。秧箱的横向一般为匀速运动，也有的机器为非均匀运动，在秧爪取秧瞬间减速，以减少伤秧。小秧块的纵向尺寸是由纵向送秧机构完成的。纵向送秧的执行器有星轮与皮带两种形式，步行插秧机上这两种形式均有，乘坐式的多数采用皮带形式。皮带式是采用秧块整体托送原理，送秧有效程度较高。纵向送秧机构要求定时、定量送秧。

定时：就是前排秧苗取完后，整体秧苗在秧箱移到两端时完成送秧动作。

定量：秧爪纵向切取量应与纵向送秧量相等。高速插秧机上纵向送秧与取秧有联动机构，一个手柄动作即完成两项任务，步行机有的需作两次调节才能等量。

（2）下移。秧爪与导轨的缺口（秧门）形成切割副，切取小秧块后，秧块被秧爪与推秧器形成的楔卡住往土中运送。

（3）插植。秧爪下插至土中后，推秧器把小秧块弹出入土，秧爪出土后。推秧器提出回位。

二、液压仿形

插秧机的浮板是插秧深度的基准，保持较稳定的接地压力就能保持稳定一致的插深，高性能插秧机均是通过中间浮板前端的感知装置控制液压泵的阀体，由油缸执行升降动作。

当水田底层前后不平时，通过液压仿形系统完成升降动作；当左右不平时，通过左右轮的机械调节或液压的调节来维持插植部水平状态。高速插秧机插植部通过弹簧或液压来维持插植部的水平，使左右插深一致。

第五章　机插水稻大田管理

同一水稻品种，在同一地区播期相近的情况下，生育期相对稳定。机插水稻采用的是中小苗移栽，缩短了秧田期，改变了原有常规人工栽插水稻的育秧栽培方式，这就决定机插稻与常规人工栽插稻相比增加了大田的生育期，并形成了自身独特的生长发育规律。机插秧苗与人工手栽秧苗有很大区别，这就是：秧龄短，苗小苗弱，生育期推迟，机插水稻宽行浅栽，为低节位分蘖发生创造了有利环境，其分蘖具有爆发性，分蘖期也较长，够苗期提前，高峰苗容易偏多，使成穗率下降，穗型偏小，大田可塑性强。因此在大田管理上，要根据机插水稻的生长发育规律，采取相应的肥水管理技术措施，促进秧苗的早发稳长，发挥机插优势，稳定低节位分蘖，促进群体协调生长，提高分蘖成穗率，争取足穗、大穗，实现机插水稻的高产稳产。因此，必须正确认识和掌握机插水稻特有的生育特性，并采取与之配套的大田农艺管理措施，才能确保机插水稻的高产稳产。

第一节 基本概念

机插水稻改变了常规人工栽插水稻的育秧栽培方式，实现了量化栽培，大田生长发育规律和手工插秧大体一致，但也有自身的特点。为此需要了解水稻的基本生育进程及规律，掌握机插稻的生长发育特性，并采取相应合理的管理技术措施，实现机插稻的高产稳产和优质。

一、水稻的生长发育进程

水稻的一生是指从种子萌动开始至新种子成熟，包括营养生长期和生殖生长期两大时期。营养生长是稻株扩展营养体的生长，包括种子发芽和根、茎、叶、分蘖的生长，并为过渡到生殖生长积累必要的养分。营养生长期又分幼苗期和分蘖期。从稻种萌动开始至 3 叶期称幼苗期；从 4 叶出生开始发生分蘖至拔节为分蘖期。秧苗移栽大田后，由于根系损伤，需经过地上部生长停滞和萌发新根的过程才能恢复正常生长，称返青活棵期(缓苗期)，一般需 5~7 天。返青后即发生分蘖，到开始拔节为止，分蘖数达到高峰。此后基部伸长节间开始伸长。

生殖生长主要包括稻穗的分化形成和开花结实。生殖生长期又分长穗期和结实期。长穗期是指从幼穗分化开始至抽穗止，一般需 30 天左右，这一时期适逢拔节，故常称为拔节长穗期。结实期是从稻穗开花到谷粒成熟，其所需时间长短，因品种、天气而异。

二、水稻叶的生长

稻叶是稻的主要光合器官，是各部分器官形成、生长、发育的有机养分供给者，是产量形成的重要物质基础。稻叶主要有叶片和叶鞘两大部分。水稻发芽后最先长出的第 1 张绿叶，只有叶鞘，叶片退化为一个很小的三角形，肉眼难以辨别，称为不完全叶，叶龄计数时不计算在内。除此叶外，各叶片发育健全，称为完全叶，并且第一个完全叶起，各叶依次称为第 1、2、3……叶，以 1/0、2/0、3/0……表示。我国栽培稻的主茎叶数（完全叶）大多为 11~19 叶，一般生育期长的品种叶片多。

三、水稻分蘖发生及成穗规律

水稻的分蘖是由茎基部节上的腋芽（分蘖芽）在适宜条件下长成的，且分蘖的发生与主茎出叶间存在着明显的 N-3（N：主茎叶片数）同伸规则，即分蘖的抽出较主茎出叶低 3 个节位。如主茎第一个分蘖的第一叶（1/1）和主茎的第四叶（4/0）同时抽出，第二个分蘖的第一叶（1/2）和主茎的第五叶（5/0）同时抽出，依次类推。

分蘖的生长在拔节后进入两极分化，一部分出生较早的、具有4叶并有自己独立根系的分蘖可继续生长，抽穗结实，称为有效分蘖；有3叶的分蘖是可争取成穗的称为动摇分蘖；而发生较迟的小分蘖生长逐渐停滞而死亡，称为无效分蘖。

大田有效分蘖期和有效分蘖数取决于起始分蘖期和有效分蘖临界叶龄期。起始分蘖期与移栽秧龄及移栽条件有关，一般情况下，a叶期移栽，（a+1）叶期活棵，（a+2）叶期发生分蘖。有效分蘖临界叶龄期是指N-n叶龄期（N）为主茎总叶片数，n为伸长节间数。了解与掌握水稻的分蘖发生、成穗规律对调控田间总茎蘖数，提高群体质量具有重要的指导意义。

四、水稻的需肥、需水特性

水稻的生长发育是以多种营养物质为基础的，其中肥水运筹是提高群体质量、提高光合效率、获得高产的重要手段。

1. 水稻的需肥特性与施肥

水稻对氮、磷、钾三要素的吸收总量，一般是以收获物的产量计算的。在我国每生产500千克稻谷和稻草，一般需纯氮（N）、五氧化二磷（P_2O_5）、氧化钾（K_2O）的量分别是7.5~9.55千克、4.05~5.10千克、9.15~19.1千克。随着产量水平的提高，百千克籽粒的需要量是不断增加的。而且各生育时期对三要素的吸收量是有差异的，在水稻一生中，吸氮（N）量以拔节至抽穗期最高，占50%左右，五氧化磷（P_2O_5）的吸收量在幼穗发育期达最高，而氧化钾（K_2O）在抽穗前最高。为此在施肥时要根据水稻的需肥特性进行合理施用，决定施肥量时，应根据水稻对养分的需要量、土壤肥力供给量、所施肥料养分含量和当季利用率等方面进行全面考虑，以满足不同时期的营养需求。

在高产栽培中，施肥可分为基肥、分蘖肥、穗肥、粒肥等四个时期进行。分蘖期是增加穗数的重要时期，基蘖肥使用的标准是到有效分蘖终止叶龄期肥效刚好结束，使得此时的分蘖数和预期穗数相同。这样可以保证有效穗数，同时可以提高成穗率，进而提高群体质量。穗肥对巩固有效分蘖、促进穗粒数、增加粒重具有重要作用，同时可增加上3张叶片的含氮量，有养根保叶、增加粒重的作用。穗肥通常分促花肥和保花肥两次施用。粒肥在齐穗期前后根据当时的长势长相施用，可有效地延长叶片功能期，提高结实率和增加粒重，但是粒肥使用不当，会导致米质下降。

2. 水稻的需水特性与灌溉

水稻的需水量较大，水分不仅可直接用于水稻的正常生理活动及保持体内平衡，同时可调节稻田的水热平衡，以创造适于水稻生长发育的田间环境。

活棵分蘖期为促进秧苗早发分蘖，宜建立浅水层，在分蘖达到一定数量后，需排水晒田，以抑制无效分蘖。抽穗开花期是水稻一生中需水量较多的时期，应采用水层灌溉，但不宜过深。灌浆结实期为延长叶片功能期，增加粒重，宜采用间歇灌溉以保持土壤湿润，后期断水不宜过早，否则影响产量。

五、水稻产量及构成因素的形成

水稻的产量是由单位面积上的有效穗数、每穗总粒数、结实率和千粒重4个因素构成的。即产量（千克/亩）=每亩有效穗数（万/亩）×每穗总粒数（粒/穗）×结实率（%）×千粒重（克）/10 000。欲提高水稻的产量，需在各因素建成时期采取相应合理的调控措施，以促进各因素的协调发展。

单位面积上的有效穗数是构成产量的第一要素，是由基本苗和单株有效分蘖两因素决定的，因此需在适宜基本苗的基础上，争取分蘖成穗。每穗总粒数是由分化颖花数和退化颖花数决定的，生产中应力求促进颖花分化，减少颖花退化。结实率是饱满谷粒占总粒数的百分率，对其影响最大的时期是花粉发育期、开花期和灌浆盛期。如前两个时期遇不良条件，易形成空粒，若在后一个时期，则易导致灌浆不良形成瘪粒。粒重是由谷壳体积和胚乳发育好坏决定的，前者以减数分裂期影响为最大，后者则取决于灌浆充实程度。

以上四个产量构成因素，在建成中不是孤立进行的，而是相互联系、相互制约、相互补偿的关系，因此在生产中应根据品种特性、生长季节和栽培技术等条件，选择最佳增产途径，进行合理调控，以形成最优的产量因素组合，提高产量。

第二节　机插水稻生长发育特点

一、机插水稻分蘖发生及成穗特点

机插水稻同样遵循 N-3 的叶蘖同伸规则，到主茎拔节时，有 4 叶的分蘖才有可能成为有效分蘖。而分蘖期的长短、分蘖力的强弱，主要取决于分蘖叶位数的多少。同时，若移栽秧龄小 1 个叶龄，大田有效分蘖期就多 1 个分蘖位。机插水稻采用的是中小苗移栽，移栽时秧龄为 3~4 叶龄，较常规大苗手插秧小 3~3.5 叶龄，但机插时植伤相对较重，返青缓苗期比手插秧长 1~1.5 个叶龄，两者相抵，机插稻的大田有效分蘖期就相应延长了 2 个叶龄（分蘖叶位），分蘖节位增多。

机插水稻的宽行浅栽种植方式使得稻株间温光条件优越，发根能力增强，这为低节位分蘖创造了有利环境。返青后。即一般在机插后 10 天左右开始分蘖，且分蘖发生快，具有爆发性，栽后25~30天即达分蘖盛期，够苗期提前，高峰苗易偏多，造成群体过大。为此机插水稻要在适宜基本苗的基础上，进行合理肥水运筹，降低基蘖肥用量，提早控水轻搁以创建高光效群体，促进群、个体间协调生长。

江苏省农垦通过多年对武育粳3号分蘖发生规律的观察，发现其机插后一次分蘖主要集中在4~8叶5个主茎分蘖叶位上和4-1、5-1、6-1三个两次分蘖叶位上，平均单株发生分蘖4.69个。机插稻以主茎分蘖为主，主茎分蘖成穗率达75%以上，其中最佳分蘖叶位在主茎4~6叶3个分蘖叶位，分蘖叶位低，成穗率高，利于形成壮秆大穗。因此在生产中应最大限度地利用主茎一次分蘖成穗，提高群体质量。

二、机插水稻的群体建成及产量构成特点

近几年通过对机插水稻群体质量的研究，发现在群体适宜的基础上，机插稻较常规人工手插稻具有良好的丰产性和稳产性，并有较大的提升空间。

1. 机插稻的群体建成特点

与常规大苗手栽稻相比，机插稻的全生育期相对缩短。同期移栽时，两者的大田发育进程基本一致，只是机插稻达有效分蘖临界叶龄期的时间略迟，但推迟天数少于播期差。干物质积累量特别是抽穗至成熟期的群体

光合生产量反映了群体光合作用和物质生产能力的强弱。机插稻的总干物质积累量及单茎茎鞘重较低，主要是由于前期发棵慢，积累率低，但中后期生长加快，积累率提高。在叶面积指数（LAI）方面，机插稻偏低，但粒叶比高，功能叶含氮量及抽穗后高效叶面积率较高，持续时间长，且群体透光性能有明显优势，说明机插稻在抽穗后叶片有更高的光合势和净同化力，为产量形成提供了保证。

2. 机插水稻的产量构成特点

机插水稻具有较好的丰产性和稳产性，其产量优势主要表现在有效穗数较多，但并不随成穗数的增加而提高产量。因为随着穗数的增多，群体易恶化，有效叶面积下降快，导致穗形变小，结实率降低，产量下降。此外，江苏省农机局、江苏省农垦局以武育粳3号为供试品种，对每亩穗数、每穗总粒数及粒重与产量间的关系进行了通径分析，结果表明：对产量起重要作用的是每穗实粒数，显著高于每亩穗数和粒重。为此应将穗数控制在适宜范围内，以攻大穗为目标，塑造高产株型，达到提高产量的目的。

由于机插稻分蘖势强、分蘖期长，中期较难控制，为将穗数控制在适宜范围内，选择确定适宜的基本苗显得尤为重要。只有根据品种特性和大田栽插情况确定适宜的基本苗，才能实现适期够苗，控制高峰苗，改善群体质量，提高高效叶面积率、粒叶比和干物质积累量，提高成穗率、结实率。因此，在机插稻栽培中，确定适宜基本苗是确保较高的适宜穗数、攻大穗、增加总颖花量、提高结实粒数的重要基础和前提。

三、大田准备

机插大田的整地质量要高于常规手栽大田，要达到全田平坦，耕深一致，碎而不烂的要求。具体是：田块平整无残茬，高低差不超过 3 厘米。表面硬软度适中，泥脚深度小于 30 厘米；旋耕深度 10~15 厘米，犁耕深度 12~20 厘米，不重不漏；泥浆沉实达到泥水分清，泥浆深度 5~8 厘米，水深 1~3 厘米。

一是田面平整。在 3 厘米的水层状态下，高不露墩，低不淹苗，以利于秧苗返青活棵，生长整齐。否则高处缺水使幼苗干枯，低洼处水深使幼苗受淹。同时，高处无水作业时机器行走困难，机器负荷加大。一般要求耕整后大田表层稍有泥浆，下部土块细碎，表面硬软适中。

二是田间无杂草、残茬、杂物，否则机器在前进过程中，残茬、杂物会将已插秧苗刮倒。

三是一般黏性土壤整地后应沉淀 2~3 天，壤土 1~2 天，沙性土 1 天为宜。达到泥水分清，沉淀不板结，水清不浑浊。

四、大田秧苗特点

1. 生育期缩短，主茎总叶片减少，成熟期推迟

常规移栽条件下，徐稻 3 号的全生育期 153 天左右，主茎总叶片 17 片。机插水稻全生育期比手插缩短 15 天，主茎总叶片减少 0.7～0.9 片，生育期的缩短主要为营养生长阶段缩短。

2. 蹲苗期长

机插水稻适宜移栽的秧龄为 3.5～3.8 叶龄，这时的秧苗基本处于或刚刚结束离乳期，加上育苗播种的密度高，根系盘结紧，机插时根系拉伤重，插后秧苗的抗逆性较常规手插秧弱。为此与常规手插秧相比，机插稻移栽后没有明显的返青期，但蹲苗期相对较长，在栽插后 7～10 天内基本无生长量。

3. 分蘖节位低（多），分蘖期长

同一水稻品种的主茎叶龄相对稳定。若移栽秧龄小 1 个叶龄，大田有效分蘖叶位就多 1 个。机插秧的秧龄较手插秧小 3～3.5 叶龄，但由于机插时植伤较重，蹲苗期比手插秧长 1.5～2.0 叶龄，两者相抵，机插水稻的大田有效分蘖期就相应延长了 2 个分蘖叶位，为 7～10 天，因而分蘖节位增多。分蘖发生一般从第 3 节位开始，分蘖优势节位是第 3～8 节位。

4. 分蘖势强，成穗率低

机插水稻实现了宽行浅栽，植株温光条件优越，发

根能力强，这为低节位分蘖创造了有利环境。在缓苗返青后，机插水稻的起始分蘖一般在五叶一心期，且具有爆发性，分蘖发生量猛增，高位分蘖多。再加之分蘖节位低，分蘖期长，群体数量直线上升，够苗期提前，高峰苗容易偏多，使成穗率下降，穗型易偏小。

5. 根系分布浅，发根量大

机插水稻由于入土较浅，前中期浅水灌溉，土表气、热状况良好，利于发根，纵、横向伸展的根均比手插多，且随着生育进程的推移，横向生长的根增多，向浅层发展。

6. 产量结构表现为穗数多、穗型小

机插水稻的产量结构具有穗数多、穗型小、结实率和千粒重略高的特点，这一特点在品种间、年度间趋势一致，具有普遍性。因此，在栽培策略上，要在足穗基础上，主攻大穗，努力提高结实率和千粒重。

7. 机插水稻草害严重

有2个发草高峰。机插水稻前期苗小、苗稀、田间空隙大，而且以浅水层灌溉，温光条件十分利于杂草滋生，因而机插水稻大田杂草发生早、发生快、容易形成草害。根据田间观察，机插水稻的杂草量是常规手插的3~4倍，且有2个明显发草高峰：一是栽后10~12天内，二是在够苗期至高峰苗出现前这一阶段。

五、大田管理要点

机插水稻改变了常规人工栽插水稻的育秧栽培方式，实现了量化栽培，大田生长发育规律和手工插秧大体一致，但也有自身的特点。根据机插水稻生长特点，大田管理要求要做好以下3个方面。

1. 促进早发

机插秧大田蹲苗期长，前期发苗缓慢，低节位分蘖缺位。因此前期早发苗是机插秧大田管理的关键。

2. 控制群体

机插秧秧龄小，分蘖期长，容易引起群体过大，高峰苗数过多，造成成穗率下降，穗型偏小，引起倒伏。因此要合理促控，控制高峰苗35万以内。

3. 防治草害

机插秧行距较大，一般在9寸（1寸≈3.3厘米。下同）左右，秧苗较小，草害比常规稻大田重，因此要采取二次化除，有效地控制草害。

第三节　机插稻肥水运筹方法

机插水稻实现了定行、定深、定穴和定苗栽插，满足了高产群体质量栽培中宽行浅栽稀植的要求。在大田生产中要根据机插水稻的生长发育规律，采取相应的肥水管理技术措施，促进早发稳长，走“小群体、壮个体、高积累”的高产栽培路子，肥水运筹要实行“前促、中控、后保”，创造利于早返青、早分蘖的环境条件。同时控制高峰苗，形成合理群体，以确保大穗足穗，为夺取机插稻高产稳产打下基础。

机插稻与常规手栽稻存在着形态和生育特点上的差异，因此在水浆管理上有 3 个不同点：①由于秧苗矮小，机插后浅水活棵，防止水层过深，淹没秧苗；②机插稻分蘖势强，发苗猛，搁田时间要适当提前，以控制后生分蘖，确保中期稳长；③由于根系分布浅，后期断水时间应迟于常规手栽，防止出现干旱逼热或低温青枯，降低粒重。

机插水稻的总肥量与常规手栽基本持平，其中，机插水稻秧田所需肥料仅为常规手栽的 10%左右，而大田总肥量比常规手栽增加 10%左右。在肥料运筹上，主要是增加前中期的肥料投入，基面肥加分蘖肥占 60%以上为宜。在施肥技术上掌握以下原则：①适当减少面肥，增加分蘖肥，以减少肥料流失，防止机插后肥害伤苗。②分蘖肥分次施用，每次施肥量要略多于手栽，多次施用。③看苗施好穗肥。这次施肥不仅能充分发挥足穗的优势，而且能克服穗小的劣势，要根据品种、苗情施足施好。长势好，叶色深的以保花肥为主；长势差，群体不足的以促花肥为主，施用量适当加大。

一、活棵分蘖期

活棵分蘖期是指移栽到分蘖高峰前后，主要是长根、叶和分蘖，以营养器官生长为主，这一时期的栽培目标是创造有利于早返青、早分蘖的环境条件，培育足够的壮株大蘖，达到小群体、壮个体，为争取足穗、大穗奠定基础。

1. 水浆管理

根据机插水稻秧龄短、个体小、生长柔弱的特点，在水层管理上，要坚持薄水活棵、分蘖，做到以水调肥，以水调气，以气促根，促进秧苗早生快发，形成强大根系。在肥料运筹上要分次施用分蘖肥，同时坚持肥药混用，以达到追肥、除草、治虫的三重效果。

坚持薄水移栽，机插结束后，要及时灌水护苗（阴雨天除外），水层保持在苗高的 1/2 左右（以不淹没秧心为宜）；若遇高温晴好天气，应灌寸水护苗，水层保持在苗高的 2/3 左右。插后 3～4 天采取薄水层管理，间歇灌溉，适当晾田，促进扎根立苗。切忌长时间深水，造成根系、秧心缺氧，形成僵苗甚至烂秧。

水稻活棵后即进入分蘖期（插后 10 天左右）。这时应实行灌浅水，灌水时以水深达 3 厘米左右为宜，待自然落干后再上水，如此反复。达到以水调肥、以气促根、水气协调的目的，促分蘖早生快发，植株健壮，根系发达。

对一些秸秆还田量大的田块，若田脚较烂，发泡起烘，土壤透气性差，会影响机插稻发根，应及时脱水爽田1~2天，促进新根生长，然后实行浅灌。

2. 分次施用分蘖肥，并及时除草

在基蘖肥定量的基础上，机插稻和手插稻的特点决定了机插稻基蘖肥中，基肥和分蘖肥的比例要有显著差别。一般手插水稻基肥在基蘖肥中的比例为70%左右，分蘖肥占30%；而机插水稻基肥在基蘖肥中的比例为30%~40%，分蘖肥占60%~70%。机插水稻切忌采用和手插水稻相同的基肥和分蘖肥比例，这是因为机插稻缓苗期长，机械移栽伤根重，新根发生缓慢，基肥过多秧苗无法利用，会导致肥害僵苗，也会由于移栽后灌排频繁，导致肥料流失严重，降低了肥料利用率因而不宜多施基肥，以控制前期稳健生长。

分蘖肥应以氮肥为主，具体用量应依地力和基肥水平而定，一般掌握在有效分蘖叶龄期（N-n）以后能及时退劲为宜。为此，在有效分蘖临界叶龄期前两个叶龄就不宜再施分蘖肥。如武育粳3号，17张主茎叶片（N=17），6个伸长节间（n=6），有效分蘖临界叶龄为17-6=11叶，则9叶起即栽后25天后就不宜再施分蘖肥。切忌过多、过迟施用分蘖肥。机插水稻本身具有分蘖节位低、分蘖期长的特点，若分蘖过多，无效分蘖增加，高峰苗难以控制，将影响水稻成穗率和大穗的形成。分蘖肥分3次施用，应采取“少吃多餐”的原则进行。一般在移栽后5~7天施一次返青分蘖肥，并结合使用小苗除草剂（如53%抛秧星、50%速除、50%抛栽宁、36%水旱灵等）进行化除。亩施尿素7~8千克；第二次，栽后12~15天亩施尿素10千克；第三次，栽后20天左右亩施尿素5千克、氯化钾7千克。

3. 防僵苗

僵苗是机插水稻分蘖期出现的一种不正常的生长状态，主要表现为分蘖生长缓慢、稻丛簇立、叶片僵缩、生长停滞、根系生长受阻等现象。形成僵苗的原因比较复杂，类别繁多，近两年在江苏省出现的主要有肥僵型、水僵型和药僵型3种。前两种主要是由于对机插秧苗生长特性认识不够造成的，重复追肥或秧苗长期处于淹水状态，造成肥僵或水僵；而药僵苗是在除草过程中，因除草剂用量过多、用药时机不当或喷洒除草剂后没能及时上水护苗，造成药伤苗。

机插本田僵苗的补救措施，应根据具体情况，采取相应的肥、水、药等管理调控措施，分别对待。如肥僵苗应采取先灌水洗肥，后排水露田，促进新根生长；水僵苗直接排水露田透气，提高根系活力；药僵苗换水排毒2~3次后，追施速效氮肥。再采取相应的水、肥调控的同时，每亩僵苗田用“僵苗灵”150毫升，对水30千克喷雾，可促使秧苗快速转化。

二、拔节长穗期

拔节长穗期是指分蘖高峰前后，开始拔节至穗分化前这段时间，此期水稻营养生长和生殖生长同时并进，是壮秆大穗的关键时期。栽培目标是在保蘖增穗的基础上，通过搁田控氮，改善根际环境，促进颖花分化，防止颖花退化，以达到壮秆大穗的目的。

1. 适时多次轻搁田

采取分次适度轻搁的方法，是提高机插稻成穗率、强根壮秆，为形成大穗打基础的关键技术措施。机插稻的开始搁田期与常规手插稻一样，遵循“苗到不等时，时到不等苗”的原则 。“苗到不等时”是指总茎蘖数达预期穗数（俗称够苗）时，即应开始脱水搁田；“时到不等苗”则是指无论总茎蘖数多少，到了有效分蘖临界叶龄期，即应开始搁田。搁田的目的是控制无效分蘖，提高成穗率，减少植株体内不必要的营养消耗，促进根系下扎，提高根系活力，为壮秆大穗提供足够的物质积累。

由于机插水稻分蘖节位低，分蘖势强，分蘖期长，够苗期往往来得早，苗体小同时由于茎蘖较小，对土壤水分敏感，因此机插稻应特别强调分次轻搁，每次搁田尽量使土壤不起裂缝；切忌一次重搁，造成有效分蘖死亡，导致穗数不足。一般经多次断水，可使土壤沉实，人走留脚印（不陷脚），叶色褪淡显“黄”。经3~4次反复后，就能达到沉实土壤、促进根系下扎，提高根系活力、抑制茎秆基部节间伸长和无效分蘖发生的目的。

此外，分次轻搁与及早搁田的配套措施是不可分割的，其断水轻搁的次数因品种而定，变动在3~4次之间，一直要延续到倒3叶前后。搁田对控制中期稳长作用虽极大，但属辅助措施，如前期施肥过量，单依靠中期搁田控制，是难以奏效的。

搁田后的水浆管理与常规稻基本相似，要坚持浅水灌溉，干干湿湿，以湿为主，达到水清板硬的要求。

2. 正确施用穗肥

在水稻幼穗发育期追施的肥料称为拔节孕穗肥。促进幼穗分化发育，既有利于巩固穗数，又有利于夺取大穗，但要防止叶面积过度增长，以形成配置良好的冠层结构；既可扩库，形成较多的总颖花数，又能强“源”畅“流”，形成较高的粒/叶比，利于结实率和千粒重的提高。拔节孕穗肥一般分促花肥和保花肥两次施用。

促花肥主要是促进稻穗枝梗和颖花的分化，增加每穗颖花数。一般在穗分化始期，即叶龄余数3.5叶左右施用，具体施用时间和用量要因苗情而定：若分蘖末期总茎蘖数达到预期穗数的140%~150%，且叶色正常褪淡，可亩施尿素7~12千克，若叶色较深不褪淡，可推迟并减少施肥量；若分蘖末期总茎蘖数不足预期穗数的

130%，叶色较淡的，可提前3~5天施用促花肥，并适当增加用量，若分蘖末期总茎蘖数超过预期穗数的150%，且叶色褪淡，促花肥用量应酌减，并适当推迟使用；若叶色较深也可不施。

保花肥一般在出穗前18~20天，即叶龄余数1.2~1.5时施用，具体施用期应通过剥查10个以上单茎的叶龄余数确定，当50%的有效茎蘖叶龄余数不超过1.2时为追施保花肥的适期。用量一般为7.5千克/亩尿素，对叶色浅、群体生长量小的可多施，但每亩不宜超过10千克；相反，则少施或不施。

三、开花结实期

此阶段是决定粒重的关键时期，栽培关键和目标是要养根保叶，防止早衰，以促进籽粒灌浆，达到以根养叶、以叶饱子的目的。

水稻出穗后一般不需再施肥，如叶色明显落黄，可每亩用尿素2~3千克撒施，或用1千克尿素进行叶面喷施。在水浆管理上，自抽穗后的20~25天，稻株需水量较大，应以保持浅水层为主，即灌一次浅水后，自然耗干至脚印内有水即再上浅水层。抽穗25天以后，根系逐渐衰老，稻株对土壤还原性的适应能力减弱，宜采用间歇灌溉法，即灌一次浅水后，自然落干2~4天再上水（脚印无水），且落干期应逐渐加长，灌水量逐渐减少，直至成熟，以达到延缓根系衰老，提高稻株抗倒性、结实率与千粒重的目的。

案例：江苏省灌南县李集乡有徐、陈两家相邻两块机插稻田，品种相同，且同期落谷、机插，但徐家产量较陈家高140千克/亩。经调查，两家的机插品种为连粳6号，5月28日落谷，6月16日机插。栽前秧苗素质及机插质量均较好，且栽插密度基本一致，均未施基肥。造成其产量差异的原因主要表现在大田肥水管理的不同。

徐家在肥水运筹上主要是针对机插稻生长发育特点进行的，做到了适时、适量施用分蘖肥和穗肥，并及时进行了适度搁田，群、个体间得到了协调发展，产量较高。而陈家因肥料施用时机不合理，致使其水稻虽然穗数有一定优势，但穗型小，实粒数少。此外陈家水稻在封行后5天才脱水搁田，田间无效分蘖多，在很大程度上影响了高质量群体的建成，是低产原因。

第四节　麦秸秆还田后机插稻田间管理

一、麦秸秆还田对水稻生长发育的影响

1. 还田秸秆对水稻的生长发育具有前抑后促的效果

试验表明：秸秆还田200千克/亩、400千克/亩和常规手插的有效穗数分别为26.3万/亩、23.3万/亩和

24.4万/亩。重要原因是水稻生长前期麦草分解与秧苗争氮，抑制了秧苗分蘖的发生；中后期麦草分解需氮量降低，释放部分养分，促进了秧苗分蘖的发生。

2. 不同麦草还田量对水稻株高及其节间配比影响的效果不同

还草400千克/亩、200千克/亩和常规手插的株高依次为98厘米、93厘米和91厘米。麦草还田能增加植株株高，但底部节间比手插秧短1厘米。

3. 不同麦草还田量对水稻的产量影响效果不同

在还草200千克/亩水平下，水稻增产6%左右，主要增产因素是有效穗数高7.78%，千粒重提高2.2克。还草400千克/亩水平下，水稻增产不足1%，其千粒重提高2.28克，但是单株穗数减少1.1万/亩，主要原因是在还草量大的环境下，水稻前期生长受到抑制，分蘖发生减慢，且机插稻苗期为密生生态环境，植株弱，大量麦草还田与其争氮而影响发育。因此在麦草还田情况下，需要调节肥料运筹，前促后补，发挥麦草还田的供肥、培土生态效应。秸秆还田还对稻米的加工品质、外观品质、营养品质以及食味品质都有明显的改善和提高作用，说明秸秆还田不仅具有培肥增产的功能，并且可以提高稻米品质，实现高产和优质的统一。

4. 秸秆腐烂过程对水稻生长的影响

水稻田秸秆由于长期在水下浸泡，随着秸秆的矿化，释放养分的同时，会产生有机酸、甲烷、硫化氢等，这些物质的积累会影响水稻分蘖期根系发育，进而影响分蘖的发生。上水后第 4 天埋入土中的秸秆变为黑色、有臭味，浸出水较混，秸秆开始腐烂，第 10 天田中有很多气泡，水面泛油花；第 16 天田中有大量气泡；第 23 天田中气泡很少，水层清晰，腐烂过程基本结束。根据试验调查 250~300 千克/亩的还田秸秆量腐解过程为 20 天左右，350~400 千克/亩的还田秸秆量腐解过程为 25 天左右，因此必须采取农艺措施加以缓解。

二、秧苗栽后的管理要点

秸秆还田条件下，秧苗栽插后土壤的微生态环境发生了较大的变化。一方面，微生物分解秸秆需要吸收较多的氮肥，而秧苗生长需要吸收养分，造成秧苗与微生物争氮的现象；另一方面，淹水条件下秸秆分解释放出较多的硫化氢等有毒物质会对秧苗根系造成伤害，影响其生长。

秸秆还田土壤具有前期吸氮、后期释氮的特点，秸秆还田机插稻生长发育特性表现为前期生长缓慢、中期生长加快、后期生长活力增强。秸秆还田后水稻的本田管理与不还田有所不同，为此，要采取合理的肥水运筹措施及调控，优化还田机插稻的群体质量。

（一）控制水浆管理

1. 返青后及早露田通气增氧，排除毒素

水稻和水的关系是十分密切的，人们把水稻称为水生作物，但水稻的一生并不是每个生育阶段田面都要保持水层。有时田面需要浅水，有时不需要水层，实践上看，水稻是一种半水生作物。在插秧后的2~3天内，保持田间湿润，以利提早立苗，插秧稻田要灌相当于苗高1/3~1/2的稍大水层扶秧护苗，以减少叶面蒸腾，防止秧苗凋萎，保证返青成活。如果水层过小，秧苗经风吹日晒，容易失水干枯，造成缓秧，使早秧变晚秧，壮秧变弱秧。

水稻移栽返青后，立即采用露田脱水，以便土壤气体交换和释放有害气体，促进根系生长和分蘖；此后应进行浅水勤灌的湿润灌溉法，使后水不见前水，保持干干湿湿。

2. 当田间苗数达到计划穗数的80%以上时及时晒田

水稻生育中期由于大量麦草还田、土壤不实，易造成根倒，为此应及早分次搁田使土壤沉实：晒田可改良土壤环境，增强根系活力，加强微生物活动；改善田间小气候，可防治或减轻水稻螟虫、稻瘟病等多种病虫害的发生：控制无效分蘖，巩固有效分蘖，提高分蘖成穗率；促进禾秆坚硬，增强抗逆能力，防止水稻后期倒伏。经生产实践证明，晒田是一项重要的增产措施，一般可增产 8%~15%。

因此，要在预期穗数苗达 80%以上时进行脱水晒田，并采用多次轻晒的方法，把高峰苗控制在预期穗数苗的 1.1~1.2 倍。晒田的程度有重晒、轻晒之分，应根据苗情、肥力、耕层、土质、地势等进行综合考虑，发棵早，叶色浓，长势旺，泥脚深，冷浸田，底肥足的均宜早晒、适当重晒，且晒的时间可稍长，特别是对那些长期渍水，土体糊烂，脱水缓慢的田块，更应重晒；反之，则宜迟晒、轻晒，且晒的时间要短。但无论轻晒或重晒，都要达到“新根跑田面，老根往下扎，叶片硬且直”的要求。

3. 水稻生育后期采用间隙灌溉法

水稻生育后期由于还草田孔隙度相对增加，土壤持水量相对加大，因而在后期水分管理宜间隙灌溉，既保水又透气。

（二）合理施肥，氮肥适量前移

水稻对氮、磷、钾三要素的吸收总量，一般是以收获作物的产量来计算的。每生产 600 千克稻谷，需纯氮（N）15 千克，五氧化二磷（P_2O_5）3.5 千克，氧化钾（K_2O）6 千克。随着产量水平的提高，需肥量是不断增加的。

氮肥运筹。基肥：分蘖肥：穗肥：粒肥 = 0.40：0.25：0.25：0.10。

施肥方法：基肥：纯氮 6 千克。亩用 45%复合肥

（16-10-19）40 千克。带水旋耕前施入。

分蘖肥：纯氮 3.75 千克。亩用尿素 8 千克。栽后 10~12 天施入。

穗肥：纯氮 3.75 千克。亩用尿素 8 千克。一般在穗分化始期，即叶龄余数 3.5 叶时施用。

粒肥：水稻出穗后，一般不需要再施肥，如叶色明显落黄，可亩用尿素 1 千克，加水 50 千克，进行叶面喷施。

磷钾肥实行一次性基肥施入，严重缺钾的地区，钾肥可分次施用，一半基肥，一半带钾肥烤田。

1. 增施有机肥，培肥地力

有机肥含有机质多，养分全，肥效久，能均衡地供给水稻养分，还能有效地改善土壤结构，不断培肥地力。有条件的地区秸秆还田时可以配合施用有机肥，能更好地起到培肥地力、增产增效的作用。

2. 施用配方肥，促进节本增效

配方肥是各地农业部门联合肥料企业，根据当地稻区土壤养分状况，结合水稻需肥规律生产的高效多元化肥，具有配比科学、养分含量高而全、施用方便、增产效果明显等特点。一般地块亩施配方肥 40~50 千克加适量的单质氮肥，可满足水稻整个生育期对养分的需求，可以达到节本增效的目标。

3. 氮肥适量前移

适度调高前期氮肥施用比例，增加基蘖肥的用量，与秸秆不还田相比，在氮肥总用量不变的情况下，基肥增加 0.5 千克左右的纯氮，以缓解麦草腐烂耗氮的矛盾；保持氮肥总用量与不还草稻田基本一致。

4. 适时早施追肥

由于前期秸秆分解消耗一定的速效养分，秸秆还田条件下秧苗移栽后前期生长比较缓慢，秧苗返青后要适时早施分蘖肥，促进分蘖，保证有效穗数。

第五节　病虫害的防治

水稻病虫害有多种，由于各地的气候条件差异很大，因此病虫的发生种类、时间、程度都有很大的差异。机插稻和手插稻的病虫害发生一般没有太大的差异。最大的差异可能来自苗期，这是因为机插水稻的播期一般要比常规手插秧来得晚。在江苏主要表现在秧田期的条纹叶枯病要比手插秧轻得多，这主要是因为机插秧的迟播避开了灰飞虱的迁飞高峰。

机插水稻与常规手栽一样，除了根据病虫害发生情况，抓好各种病虫害防治以外，要特别重视前期稻蓟马和稻象甲，中期二化螟、三化螟、稻飞虱，后期纹枯病的防治。

表 5-1 列出了全国各稻区发生的主要病虫种类供各地参照。

表 5-1 全国稻区主要病虫种类

稻区	主要病虫害
东北及华北	纹枯病、稻瘟病、二化螟、稻纵卷叶螟
华中	纹枯病、细条病、螟虫、稻纵卷叶螟、稻飞虱
华东	纹枯病、稻瘟病、螟虫、稻纵卷叶螟、稻飞虱
西南	纹枯病、稻瘟病、二化螟、稻纵卷叶螟、稻飞虱
华南	纹枯病、稻瘟病、细条病、白叶枯病、三化螟、稻纵卷叶螟、稻飞虱、稻瘿蚊

一、虫害的防治

机插稻由于移栽时苗小体嫩，前期生长缓慢，易遭受稻蓟马、稻蟓甲危害。稻蓟马可用乐果、20%毒辛等有机磷农药防治，亩用40%乐果乳油100毫升加水30~40千克均匀喷雾。稻蟓甲的防治用菊酯类农药，亩用2.5%敌杀死或20%速灭杀丁乳剂20~30毫升，加水30~40千克均匀喷雾。此外，应特别注意防治灰飞虱，以控制稻条纹枯病的发生和蔓延，防治方法是亩用吡呀酮15克，对水30~40千克喷雾，可同时兼治稻蓟马。

分蘖至拔节孕穗期常发性的病虫有：二化螟、三化螟、稻飞虱、稻瘿蚊。

水稻二化螟是水稻主要害虫之一，对水稻的危害性可与蝗虫相比，每年的发生面积和所造成的产量损失占水稻害虫发生面积和危害损失的30%以上。因此水稻二化螟是水稻害虫的主要防治对象。秧苗期在移栽前3~5

天、大田分蘖期在卵孵高峰后 5~7 天（每亩枯梢团 100 个）、水稻破口期在卵孵始盛期（虫株率 0.1%），每亩用 5%锐劲特 30~40 毫升，对水 40~50 千克喷雾。并可兼治纵卷叶螟，若加阿维菌素混喷，防效更好。具体药防时间应根据当地病虫测报情况进行。

防治稻飞虱一般每亩用 50%扑虱灵 40 克或吡虫啉 1.5~2.0 克（有效成分）对水 80~100 千克，喷雾于植株中下部即可。

防治稻瘿蚊在幼虫孵化高峰期，防治虫源田和附近田块。用 50%嘧啶氧磷乳油每亩 100 克，或 50%杀螟松乳油和 40%乐果乳油每亩各 75~100 克加 75 千克水喷雾，也可每亩用 90%晶体敌百虫 0.2 千克加 40%乐果乳油 0.1 千克或用 3%呋喃丹颗粒剂 3 千克拌毒土撒施或进行深层施药。施药时应保持田间有 3 厘米深的浅水层，防效可达 90%。

大田初期还要做好药剂持续防治灰飞虱（可兼治其他飞虱），每亩选用优质单剂吡虫啉（如达克隆、大丰收、蚜虱净）有效成分 5 克或 20%异丙威 200 毫升加上 80%敌敌畏 100~150 毫升，对水 40~50 千克均匀细喷雾，以上药剂进行交替使用。

对于稻纵卷叶螟的防治，掌握在幼虫 1~2 龄高峰期，分蘖期百丛有虫量 40 条、穗期 20 条时，每亩用 15%螟纵净 80 毫升，或 40%毒死蜱（乐斯本）80 毫升，或

20%毒辛 80~100 毫升，或 35%纵卷清 80 克，对水 40~50 千克喷雾。

由于机插水稻出穗期偏迟，极易遭受三代三化螟的危害，防治三化螟可每亩用40%三唑磷 100 毫升对水50~60 千克喷施。

二、病害的防治

水稻栽插后至抽穗前较为严重的病害主要是纹枯病，大田分蘖末期，当穴发病率达 5%或孕穗期穴发病率达10%时就应防治，一般亩用井冈霉素水剂 100~150 毫升或12.5%纹霉清水剂 100~200 毫升加水 60 千克喷施于植株中、下部，药效可持续 10~14 天，而后视病情再次用药。

水稻上常见的细菌性病害，主要有细菌性基腐病、白叶枯病、细菌性条斑病、细菌性褐斑病。20%噻菌铜（龙克菌）悬浮剂在水稻细菌病害上的防治效果良好。

防治水稻细菌性基腐病，亩用 100 克 20%噻菌铜（龙克菌）对水 50 千克，在发病初期喷第 1 次药，以后每隔 7~10 天喷药 1 次，连续喷 2 次，防治效果显著。

防治水稻白叶枯病，在大田发现病株或台风暴雨后及时喷药，选用 20%噻菌铜（龙克菌）500~700 倍药液间隔 7~10 天喷雾 2 次，防效可达 80%左右。

防治水稻细菌性条斑病，大田发病中心用 20%噻菌铜（龙克菌）500~700 倍喷雾 1 次；暴风雨过后，应立即再防治1~2次。

防治水稻细菌性褐斑病，亩用20%噻菌铜（龙克菌）100克对水50千克，于暴雨台风过后和发病初期各喷药1~2次即可。

防治稻瘟病，掌握在叶瘟初见或急性型病斑出现时，预防穗瘟掌握在破口初期用药，每亩用20%三环唑100克，或30%稻瘟灵120~150毫升，对水40千克。

在水稻抽穗前后，由于机插水稻出穗期偏迟，若遇连续阴雨天，更有利于穗颈瘟的发生，特别是沿海稻区更应注意防治。

三、禁止使用所有拟除虫菊酯类杀虫剂及复配产品

拟除虫菊酯类农药能刺激褐稻虱繁殖，对褐稻虱天敌的杀伤力极强，长期施用会导致自然控制能力降低，引起褐稻虱暴发成灾。避免滥用要在选用抗病（虫）优质良种、科学施用肥水的基础上，大力推广频振式杀虫灯、稻田养鸭和稻田养鱼等物理、生物防治技术，科学合理地使用化学农药。

机插秧技术作为水稻生产的一项技术手段，为提高劳动生产率提供了重要途径，同时也是水稻机械化种植的发展方向。为此，必须熟悉和掌握机插水稻特有的生育特性，并因地、因苗、因时予以合理的肥水运筹和及时有效地防治病虫草害，以实现机插水稻的高产稳产。

第六章　水稻机插秧推广工作注意要点

水稻机械化插秧是先进的水稻栽培技术之一，是实现水稻全程机械化的最好途径。该技术具有栽插效率高，插秧质量好，用机械代替了人工，减轻了劳动强度等优点。水稻机插秧，采取大播量、高密度、短秧龄、塑盘育秧和小苗宽幅移栽方式，单机（东洋 PF455S 手扶插秧机）日栽 10~16 亩，久保田日栽 15~25 亩，既减轻了人工劳动强度，又提高了栽秧效率，还节约了秧田。现在，机插秧基础理论研究已比较充分，大田亩产与手插秧基本持平，实际应用中也不乏高产典型。几年来，江苏省灌南县水稻机插秧发展却不快，其原因何在？不妨从寻找差距和不足入手，然后采取针对性措施加以改进，同样对推广工作大有帮助。

一、发展速度不快的原因

1. 育秧要求高

在密度大、土层浅、蒸发强的情况下，保持秧苗均匀健壮生长需要一定经验技术，塑盘育秧一旦发生问题受损后很难恢复挽救，出现局部死苗整盘秧就不便机栽。再者，机插育秧虽然节省秧田，但工序未减少，育秧时间根据移栽期倒推确定，从育秧到移栽仅20余天，栽插季节时间紧，各个环节衔接弹性余量小，需要精心照管。

2. 机栽密度往往低于预期

机插行距固定无法改变，抓秧调节行程偏小往往导致取秧量不足，缺苗断行很难避免。此地多年来机插粳稻一直采用最小株距和最大取秧量，有的每穴平均栽插6苗以上，从未发生密度过大问题，久保田插秧机基本能满足要求，个别的不能达到密度参数。多地实践表明，机插不怕厚，密度不足才是问题。

3. 缺少专业服务中介组织

机插秧是技术和工艺的结合，既要农技、农机部门配合，又需熟悉工艺的机手操作。现问题在于无经验的农民不易干好，而推广单位又做不到位，农户和推广单位之间亟须有一个懂技术，集经营、服务为一体，类似桥梁的中介组织来承担操办此事。江苏省灌南县目前虽然有一些农机专业合作社，其起到的示范推广作用不是太大。

4. 直播稻异军突起，发展迅速，影响了机插秧推广

相比于手插秧，机插秧是简化栽培，而直播稻则更为简化，一些曾有意于机插秧的农民改种了直播稻。

5. 规模效应未体现

水稻机插秧适宜地多人少，迫切需要提高劳动生产率的地方易普及。此时江苏省灌南县土地流转刚起步，流转后用于继续栽稻的也较少，另作他用的倒是不少。因此，水稻机插秧的规模效应不能得以体现。

6. 水源受限制

江苏省灌南县中西部以丘陵沙土为主，水源条件不好，只有东部部分乡镇的部分村的水源条件能适宜机插条件。

7. 推广需要一个渐进过程

由手栽到机插，从观望到认同，习惯的改变是渐进过程，农民对新工艺、新技术吸收消化需要时间。不同地域间的生态、气候、土质、水源、栽培条件、管理水平存在差异，实用配套技术也会形成差别，尤其是机插质量在很大程度上受到育秧水平影响，技术环节配套衔接紧密，推广过程中简单粗放的“一刀切”做法往往欲速而不达。

8. 机插成本逐渐增加

以前通常按亩栽 20～25 盘秧计算，而今采用最小株

距和最大取秧量，加上补栽用秧，每亩需秧 30 余盘，每盘秧成本约 2 元（秧盘 0.5 元/个，种子 0.7 元，用工 0.4 元，备土、肥料、薄膜、灌水、防治病虫每盘约 0.4 元）。如果起秧遇雨或运秧距离远、难度大，费用也高。目前 1 亩地机插秧 50~60 元，育秧 60~70 元，成本合计约 120 元/亩。

9. 插秧机保有量不足

虽然灌南县几年累计销量数百台，但实际保有量远低于此。造成目前这种状况的原因：一是灌南县农民人均水稻地不足 2 亩，劳动力相对充裕，对机插秧要求不迫切，一些家庭单元小，耕地较分散的农户对机插秧既缺乏兴趣也存在一些实际操作上的困难。二是使用率低，当地每年一季适栽期仅 12 天左右，闲置期太长，资金回报率低。三是个体小规模分散经营情况下，购机自用不划算，若以经营为主，预约栽插变化波动很大，如果面积上不去，经济回报率不高，也就缺乏吸引力。即便因补贴而购机，一般也难以保持。

二、水稻 3 种种植方式比较

3 种栽培方式为：手工插秧，机插秧，直播稻种。3 种栽培各具特点，皆有利有弊，有时也很难类比，难分高下，最后还是农民的取舍起决定性作用。地少劳多，灌溉不便，意图节省的农户多采取手栽；地多劳少，灌溉方便，手头充裕的农户在机插配套服务跟上时易选机插；地多劳少，时间紧张，资金有限，有一定经验的农户往往倾向直播，也有农户是多种栽培方式并存。

土地承包后，种什么，怎么种是种植者选择，现难以“一刀切”。农民的选择也是逐步筛选的结果，自有其理由。一个地方长期坚持单一的栽培方式未必就好（如某些病虫草害会形成常发重发态势），多种栽培方式并存也未必就差。所以，尊重群众选择，清楚说明各种栽培方式的利弊特点，帮助农民因地制宜扬长避短，提供相应技术指导亦不为过。从发展的趋势看，传统手栽秧逐步减少不可逆转，直播稻达一定比例后将会受到限制——低温、水淹、草害、生病、倒伏、自生稻、晚茬等都对其发展有制约，因而机插秧发展最具潜力，随机械保有量上升，几年后，极可能出现手栽、机插、直播稻各占一定比例的局面。

三、机插秧步骤与要求

宜先在交通便利，地点集中，田地平整，灌排方便，肥力中上，土质偏黏，有中熟中粳稻种植习惯，群众认可度和生产管理水平较高的地区推广，然后逐步扩大。

1. 秧田选择

尽可能靠近移栽大田，同时道路通畅搬运方便。实践表明，当移栽期遇阴雨或道路泥泞时运秧难度和成本显著增加，若长距离运秧不仅难度和成本更大而且秧盘易散不便机插。较大面积集中育秧尤其要注意避免两头道路不通畅的远距离运秧。选水源有保证，灌溉方便，肥力中上的地块做秧田。机插秧苗期较耐阴，在水源偏紧地区也可选土壤水分蒸发量小的林荫地或低洼地做秧田，但要注意冬前早培肥。

2. 秧田与大田比例

理论上 1：80～100，但实际栽插受气候、秧田利用率、秧苗素质、散盘损耗、栽插不匀、断秧以及补秧等影响很难实现，一般情况下以 1：60 为宜，在成穗数长期偏少的低产地方更要适量多育预备秧。

3. 移栽大田水源和灌排条件

机插秧既怕栽后干旱暴晒，又要防水大受淹，大田应选择水源充足，易灌易排地为宜，水源紧张的地区早做蓄、提、补水准备。

4. 土质和土壤肥力差异的影响

一般而言，在黏土、足肥地区推广机插秧容易成功。原因是黏土肥地有机质含量多，保水保肥性好，上水整地后待插时间长，栽后稻根土壤弥缝好，漂秧少，僵苗发生概率低，生长稳健，后期不脱力，即便出现少量缺苗断行漏栽现象，植株的恢复补偿能力和边隙效应也能得到较好发挥。相比之下，沙土贫瘠地明显次之。

5. 整地备栽

平——是基本要求。沙土地和水源紧张地区不必等泥浆沉实，整好地就可栽；整地后待插期田间必须保持水层，否则水耗完后表土干结，栽插点土壤缝隙不弥合，必然导致漂秧；栽插时努力做到浅水移栽不缺水，栽后酌情补水。

6. 育秧时间

以预计大田来水移栽时间倒推20天为育秧期，秧龄一般不超过24天，在不能如期栽插时，提前适当控水控肥和化控能延长秧龄。

7. 大田管理

①栽前旋耕整地时可以施底肥；②栽时发现断行缺苗，可及时采用机插秧苗手工找齐，剩余秧尽量人工补插下田，宁多勿少；③鉴于机插秧苗体小，做好移栽—返青期水浆管理，做到栽时不缺水，活棵之前不干田暴晒，不受淹；④选择安全性高的除草剂如“抛栽宁”等，于栽后6天左右拌土或拌肥撒施；⑤栽后早管促早发，追施分蘖肥一般不少于两次，若遇持续高温则用量酌减或时间推迟；⑥秧苗移栽后新根发生少，生长缓慢或出现僵苗时要排水搁田，其他管理基本同手插秧。一般而言，足肥和生产管理水平高时机插秧成功率也高，长势好的水稻自身调节能力强，可充分利用光热等资源弥补移栽不匀、基本苗不足等缺陷，迅速搭起丰产架子；而低产水平下水稻恢复补偿能力明显降低，因此要注重移栽和分蘖期的管理。

8. 品种选择

从工艺上看，机插秧不受品种类型限制，常规粳稻、杂交籼稻、杂交粳稻均可机插。从生育特点看，麦茬稻移栽期年度变化不大，受机插秧秧龄短所限，一般5月下旬至6月上旬育秧，依据本地气候条件，中熟中粳稻没有问题，杂交中籼以及杂粳虽然问题不大，但已处在可能受到影响的临界温度线边缘。因此，兼顾水稻不同品种对温度要求，既充分利用光热资源又要考虑规避风险。

9. 推广方式

经多年多点试验示范比较之后，以购机农户为主体自主经营，自负盈亏，农机、农技业务相关部门参与指导协调，就近辐射带动发展最为有效，节本、实用、风险小。此外，依托有一定技术基础的专业服务中介组织来承办机插秧，也是一种选择。

四、决定机插秧成败的关键环节

农业新技术推广，在实际操作中因气候和人为因素变化较大，往往结果殊异。机插秧成败与否主要取决于以下关键环节。

1. 育足量壮秧

秧苗偏稀和生长不匀，是机插大田出现缺苗断行的主要原因；秧苗密度过大或生长瘦弱，断苗死苗会增加，返青期延长。俗话“秧好半季稻”，有了足量壮秧则开局主动，一般要做好以下具体工作。

（1）培肥。秧盘营养土以黏土最佳，壤土（两合土）次之，沙土往往易散盘。秧盘营养土培肥时间越早越好，家杂肥、有机肥（包括成品有机肥）应冬前施用，即便是腐熟人、鸡粪年后施用也有风险；然后耕旋冻垡，经土壤吸附、融合，微生物降解、中和酸碱度，能大大提高有机肥使用的安全性。速效商品肥氮、磷、钾、锌肥配合，一亩秧田用尿素30千克，过磷酸钙100千克，硫酸钾或氯化钾20~30千克，硫酸锌1千克，提前2~3个月于早春施用并旋耕，施肥时间愈迟，肥料用量则酌减，育秧时筛土直接装盘，也可提前筛土备用。

（2）播种量。常规粳稻按大田亩栽2.0万穴，每穴栽5~6苗计算，每亩用秧约25盘，如果加上补秧3~5盘，每亩实际备秧应不少于30盘，每盘播干种125克，每亩用种量4千克（秧盘一平方寸约成20苗）；若预定移栽期较早，秧龄不超过15天，每盘播干种量可提高至150克，每亩用种量约4.5千克。

（3）种子处理。采用浸种灵等药剂浸种防治恶苗病，白叶枯病等必不可少，浸种时间一般不少于36小时。

（4）秧龄与化控。多效唑处理种子能促进秧苗矮壮，但使用过量易发生移栽时苗体营养生长量不足、株高不够的情况，因此一般不做浸种处理；较为稳妥办法是看苗酌情化控，当正常生长秧苗因栽插延迟不能如期移栽或秧苗生长瘦弱时，适期适量提前喷施多效唑可缓解秧龄与移栽的矛盾，用法得当，机插秧龄可从 20 天左右延至一个月。

（5）病虫害防治。①由于采用大播量、高密度育秧，纹枯病的发病率相应增长，影响严重时产秧率不足 50%，不能有丝毫大意，对密度大、供水足、长势旺的秧苗从两叶一心时即应正常喷药预防；②小麦黄熟时灰飞虱大量向水稻秧田迁移，查虫防治不能懈怠，目前稻飞虱抗药性增强，建议使用毒死蜱、扑虱灵、锐劲特类农药，药液用量要大，或用防虫网覆盖。

（6）覆膜与否。育秧前期覆膜有利于保墒防雀促长，若供水充足和防雀不成问题时也可以不覆膜。

（7）秧盘复土厚度以略低于盘沿为宜，土少不利于盘根生长，土多增加搬运负荷还易散盘。秧盘宽度应控制在略小于 28 厘米。在软盘铺盘时要保证边与边紧紧靠拢。

（8）水浆管理。播后灌水，三叶期前保持湿润，起秧前 3 天控水，减少搬运负荷并防散秧。

2. 足苗、及时、高质量机插

首要问题是保证足苗，这是机插秧立于不败之地的关键。受机械所限，一般情况下均应调至最小株距（12 厘米）和最大取秧量（常规粳稻每穴 4～5 苗）位置，栽插原则宁多勿少，即使每穴移栽 6~7 苗亦不为过。其次，力求适龄适期移栽，突出一个“抢”字，宁早勿晚。还要提高插秧机手操作技能和责任心，薄水浅栽，极力避免宽行距、漏穴、断行、栽深、漂秧出现。当出现宽行、断行、漏栽以及每穴苗数不足的情形，应及时以多育的备用秧人工移栽补齐。

附件：农业部进一步加强农机购置补贴政策实施监管

为进一步推进农机购置补贴规范管理、阳光操作、廉洁实施，农业部近日印发《关于进一步加强农机购置补贴实施监督管理工作的意见》（以下简称《意见》），要求各级农机化主管部门把落实好补贴政策作为重要的工作任务，与财政、纪检监察部门密切配合，实行常态化监管，以监管促规范、以监管促落实、以监管促廉政，确保党的强农惠农富农政策原原本本落到实处、补贴实惠不折不扣兑现到农民。

《意见》明确了省地县补贴实施监管重点。《意见》进一步明确规定了省、地、县三级农机化主管部门的主要监管职责，省级农机化主管部门要制定监管督查方案并组织实施，重中之重是督促基层全面落实农财两部的各项规定，组织调查处理举报投诉；地市级农机化主管部门要重点加强所辖县补贴实施方案审核、补贴机具抽查核实等工作；县级农机化主管部门要重点核查农民实际购机情况，防止套补骗补，对补贴额较高和供需矛盾突出的重点机具要组织逐台核实，做到“见人、见机、见票”和“人机合影、签字确认”，加强县域内农机经销企业的日常监督，发现企业违法违规行为及时上报。

《意见》要求大力推进信息公开。要在巩固已有公开渠道的基础上拓展创新，重点推进部、省、市、县四级农机购置信息公开网站专栏建设，确保2013年年底前各级补贴专栏全部建设完成。省、县级农机化主管部门要在同级补贴专栏网站公开补贴实施方案、补贴额一览表、支持推广目录、补贴经销商名单、补贴工作程序、投诉举报电话等内容，至少每半月公布一次各县（市、区）补贴资金使用进度，及时在县级人民政府网站以公告的形式公布本年度享受补贴的农户信息和补贴政策落实情况，并确保5年内能够随时查阅。

《意见》强调要坚决杜绝在执行管理制度上打折扣、做选择、搞变通。要求各地贯彻执行农财两部《农业机械购置补贴专项资金使用管理暂行办法》及年度实施指导意见等重要文件，严格遵守“补贴产品推广目录制、补贴经销商生产企业自主选择制、管理过程监督制、受益对象公示制”“三个严禁、四个禁止、八个不得”等制度规定。绝不允许搞“上有政策、下有对策”，坚决杜绝以本地区情况特殊为名，在贯彻执行党中央国务院决策部署和农财两部管理制度上打折扣、做选择、搞变通。

重拳打击各类农机购置补贴违法违规行为，对参与违法违规操作的经销商及时列入黑名单并予公布，对参与违法违规操作的生产企业及存在重大质量问题的机具要及时取消其产品的补贴资格。所辖行政区域内发生严重违法违规案件的，建议当地政府追究有关人员责任。针对政策实施过程中暴露出的问题和案件，逐个环节、逐个岗位地查找易产生腐败行为的风险点，着力构建制约有效、实施便捷的农机购置补贴廉政风险防控机制。深入开展延伸绩效管理，并将考核结果与补贴资金分配适当挂钩。

据悉，农机购置补贴政策实施10年来，各级农机化主管部门与财政部门密切配合，一手抓政策实施，一手抓监督管理，建立健全了涵盖补贴实施全过程、涉及各实施主体的补贴管理制度，采取了层层签订责任书、经常性督查抽查、健全廉政风险防控机制、延伸绩效管理等行之有效的措施，努力推进政策实施科学高效规范廉洁。农机购置补贴政策取得了利农利工、利国利民的一举多得效果，我国农业机械化实现了前所未有的快速发展，2012年耕种收综合机械化水平超过57%，农机工业总产值跃居世界第一。